北京电子科技职业学院 "百名教师到企业挂职（岗）实践、开发百门工学结合
BEIJING POLYTECHNIC 项目课程、编写百部工学结合校本教材活动" 系列教材

高等职业教育"十二五"机电类规划教材

组合件数控加工综合实训

主　编　曹著明　刘京华
副主编　贾俊良
参　编　李浩（企业）　李金哲　张婷婷
主　审　刘鹏飞

机械工业出版社

本书共分6个项目，分别是：风力驱动器的从动机构设计、底座的数控加工、凸轮轴的数控加工、轴套的数控加工、叶轮轴的数控加工、拓展训练——"大力神杯"多轴数控加工，包括26个工作任务。书中的每个项目都包含若干个具体的任务，要求学生完成机构的建模、动画设计、数控加工工艺分析、刀路设置、数控加工等任务。教材的学习过程就是完成任务的过程。通过这种学习模式来实现项目引领、任务驱动、实训保证技能的教学效果。

本书配有电子课件，凡使用本书作教材的教师可登录机械工业出版社教材服务网（http://www.cmpedu.com）下载，或发送电子邮件至cmpgaozhi@sina.com索取。咨询电话：010-88379375。

本书是一本实用性很强的数控技术用书，不仅适用于高职高专院校数控、机电专业的教学用书，也可供机械加工企业、工科科研院所从事数控加工的工程技术人员参考。

图书在版编目（CIP）数据

组合件数控加工综合实训/曹著明，刘京华主编．—北京：机械工业出版社，2013.5
高等职业教育"十二五"机电类规划教材
ISBN 978-7-111-42694-3

Ⅰ.①组… Ⅱ.①曹…②刘… Ⅲ.①组合件-数控机床-加工-高等职业教育-教材 Ⅳ.①TG659

中国版本图书馆CIP数据核字（2013）第115631号

机械工业出版社（北京市百万庄大街22号 邮政编码100037）
策划编辑：王英杰 责任编辑：王英杰
版式设计：霍永明 责任校对：张 媛
封面设计：赵颖喆 责任印制：乔 宇
北京机工印刷厂印刷（三河市南杨庄国丰装订厂装订）
2013年8月第1版第1次印刷
184mm×260mm·14.75印张·363千字
0 001—2 000册
标准书号：ISBN 978-7-111-42694-3
定价：32.00元

凡购本书，如有缺页、倒页、脱页，由本社发行部调换
本书由北京市级专项"2011/2012年教育教学改革"专项项目
（PXM2011_014306_113921）资助完成

电话服务 网络服务
社服务中心：(010)88361066 教材 网:http://www.cmpedu.com
销 售 一 部：(010)68326294 机工官网:http://www.cmpbook.com
销 售 二 部：(010)88379649 机工官博:http://weibo.com/cmp1952
读者购书热线：(010)88379203 封面无防伪标均为盗版

北京电子科技职业学院
《"三百活动"系列教材》编写指导委员会

主　任：安江英
副主任：王利明
委　员：(以姓氏笔画为序)

　　　　于　京　　　　　马盛明（出版社）　　王　萍
　　　　王　霆　　　　　王正飞（出版社）
　　　　牛晋芳（出版社）　叶　波（出版社）　　兰　蓉
　　　　朱运利　　　　　刘京华　　　　　　　李友友
　　　　李文波（企业）　　李亚杰　　　　　　何　红
　　　　陈洪华　　　　　高　忻（企业）
　　　　黄天石（企业）　　黄　燕（出版社）　　蒋从根
　　　　翟家骥（企业）

《组合件数控加工综合实训》编写组

曹著明　刘京华　贾俊良　李浩（企业）　李金哲　张婷婷

序

　　职业教育作为与经济社会联系最为紧密的教育类型，它的发展直接影响到生产力水平的提高和经济社会的可持续发展。职业教育的逻辑起点是从职业出发，是为受教育者获得某种职业技能和职业知识、形成良好的职业道德和职业素质，从而满足从事一定社会生产劳动的需要而开展的一种教育活动。高等职业教育以培养高端技能型专门人才为教育目标，由于职业教育与普通教育的逻辑起点不同，其人才培养方式也是不同的。教育部《关于推进高等职业教育改革创新引领职业教育科学发展的若干意见》（教职成［2011］12号）等文件要求"高等职业学校要与行业（企业）共同制订专业人才培养方案，实现专业与行业（企业）岗位对接、专业课程内容与职业标准对接；引入企业新技术、新工艺，校企合作共同开发专业课程和教学资源；将学校的教学过程和企业的生产过程紧密结合，突出人才培养的针对性、灵活性和开放性；将国际化生产的工艺流程、产品标准、服务规范等引入教学内容，增强学生参与国际竞争的能力"，其目的就是要深化校企合作，工学结合人才培养模式改革，创新高等职业教育课程模式，在中国制造向中国创造转变的过程中，培养适应经济发展方式转变与产业结构升级需要的"一流技工"，不断创造具有国家价值的"一流产品"。我校致力于研究与实践这个高等职业教育创新发展的中心课题，变使命为己任，从区域经济结构特征出发，确立了"立足开发区，面向首都经济，融入京津冀，走出环渤海，与区域经济联动互动、融合发展，培养适应国际化大型企业和现代高端产业集群需要的高技能人才"的办学定位，形成了"人才培养高端化，校企合作品牌化，教育标准国际化"的人才培养特色。

　　为了创新改革高端技能型人才培养的课程模式，增强服务区域经济发展的能力，寻求人才培养与经济社会发展需求紧密衔接的有效教学载体，学校于2011年启动了"百名教师到企业挂职（岗）实践、开发百门工学结合项目课程、编写百部工学结合校本教材活动"（简称"三百活动"），资助100名优秀专职教师，作为项目课程开发负责人，脱产到世界500强企业挂职（岗）实践锻炼，去选择"好的企业标准"，转化为"好的教学项目"。教师通过深入生产一线，参与企业技术革新，掌握企业的技术标准、工作规范、生产设备、生产过程与工艺、生产环境、企业组织结构、规章制度、工作流程、操作技能等，遵循教育教学规律，收集整理企业生产案例，并开发转化为教学项目，进行"教、学、训、做、评"一体化课程教学设计，将企业的"新观念、新技术、新工艺、新标准"等引入课程与教学过程中。通过"三百活动"，有效促进了教师的实践教学能力、职业教育的项目课程开发能力、"教、学、训、做、评"一体化课程教学设计能力与职业综合素质。

　　学校通过"教师自主申报"、"学校论证立项"等形式，对项目的选题、实施条件等进行充分评估，严格审核项目立项。在项目实施过程中，做好项目跟踪检查、项目中期检查、项目结题验收等工作，确保项目的高质量完成。《组合件数控加工综合实训》是我校"三百活动"系列教材之一。课程建设团队将企业系列真实项目转化为教学载体，经过两轮的"教、学、训、做、评"一体化教学实践，逐步形成校本教学资源，并最终完成本教材的建设工作。"三百活动"系列教材建设，得到了各级领导、行业企业专家和教育专家的大力支持和热心的指导与帮助,在此深表谢意。相信这套"三百活动"系列教材能为我国高等职业教育的课程模式改革与创新做出积极的贡献。

北京电子科技职业学院

副校长 安江英

于 2013 年 2 月

前　言

教育部把教材建设作为衡量高职高专院校深化教育教学改革的重要指标之一，为了落实教育部的指示精神，适应当前机械领域职业教育的新形势，通过对各职业院校及企业进行广泛的调研，北京电子科技职业学院与机械工业出版社联合开发了这套符合高等职业教育教学模式、教学方式及教学改革要求的新教材。本套教材是国家示范性院校数控技术专业核心课程建设的成果教材，由一批具有丰富教学经验、拥有较高学术水平和实践经验的教授、骨干教师、双师型教师及企业专家编写完成，确保了教材的高质量、权威性和专业性，为高职高专教材的编写提供了成功的范例。

数控加工技术是当今世界制造业发展的前沿技术，随着以计算机技术为基础的现代科技发展和市场竞争的日趋激烈，产品更新换代的周期越来越短，使得零件的制造过程主要集中在加工"前端"，即通过 CAD/CAM 技术和数控仿真加工技术提高产品的加工效率及加工精度。本书主要介绍的就是产品加工的"前端"技术，即用 UG6.0 完成零件的造型，用 CAXA 制造工程师 2008 完成零件的刀路设置，用 VERICUT 完成零件的仿真加工，通过对这些软件的学习和完成真实"产品"的数控加工，让学生掌握当今"前沿"的制造技术，培育出新一代掌握先进技术的制造人才，从而推动我国现代机械制造业更快速地向前发展。

经调研，当今市场上虽有很多关于数控编程、数控加工等方面的教材，但这些教材的内容基本都是单一的，或者仅介绍零件数控编程，或者仅介绍零件建模，很少有介绍某项目完整的工作过程，即零部件的设计、建模、工艺分析、刀路设置、数控加工等相关知识的数控教材。而当今职业院校要求采用基于工作过程的行动导向教学模式，培养学生的职业行动能力，因此迫切需要设计以"完整的工作过程"作为教学项目，并大力开发该类教材，为理实一体化教学奠定基础。

本书的"载体"为一套真实的环保机构——风力驱动器。教材的学习过程就是完成任务的过程，要求学生完成机构的建模、动画设计、数控加工工艺分析、刀路设置、数控加工等任务。本书中的每个项目都包含若干个具体的任务，以保证实现学生能"学中做、做中学"的效果。书中涉及了当今先进的多轴加工技术，具有一定的先进性。全书共编入风力驱动器的从动机构设计、底座的数控加工、凸轮轴的数控加工、轴套的数控加工、叶轮轴的数控加工、拓展训练——"大力神杯"多轴数控加工 6 个项目，包括 26 个工作任务。

本书以培养职业能力为核心，采用了职业教育的"以培养职业能力为核心，以工作实践为主线，以工作过程（项目）为导向，用任务进行驱动，以行动（工作）体系为框架的现代课程结构"的方式组织教学，打破了传统教材的固定模式，做到精、浅、实的高度综合，不求学科体系的完整，但求实用。既有简明扼要的理论介绍，又有典型的应用实例，使学生能快速、全面地掌握相关软件的使用及数控加工的工艺知识等。

本套教材贯彻了以下编写原则：一是充分吸取了高等职业技术院校在探索培养高等技术应用型人才方面取得的成功经验和教学成果；二是采用了最新的国家标准及相关技术标准，使职业资格证、技能证考试的知识点与教材内容相结合，真正做到了工学结合；三是贯彻先进的教学理念，以技能训练为主线，相关知识为支撑，较好地处理了理论教学与技能训练的关系；四是突出教材的先进性，较多地编入了新技术、新设备、新材料、新工艺的内容，以更好地满足企业用人才的需要；五是以大赛案例或典型零件为载体，营造企业工作环境，基于工作过程设计教学项目，使学生的学习更有实效性。

本书是一本既适合作为各类高等学校数控技术、机械制造及自动化等专业的教材，也可供有关工程技术人员参考使用。本教材的计划学时为 **96** 学时。

本书的项目一、项目五、项目六由北京电子科技职业学院曹著明、刘京华、贾俊良共同编写，项目二由北京现代职业技术学院李金哲编写，项目三由北京现代职业技术学院张婷婷编写，项目四由北京万东康源科技开发有限公司李浩编写。曹著明负责统稿和定稿，北京电子科技职业学院刘鹏飞担任主审。北京第一机床厂总工程师刘宇凌等有关专家提出了许多建设性意见和建议。

本书在编写过程中，引用了一些文献资料和插图，在此一并向相关文献作者表示由衷的感谢。

由于编者的知识水平和实践经验有限，虽经多番修改，不妥之处仍不可避免，恳请广大读者批评指正。

编者

目 录

前言

项目一 风力驱动器的从动机构设计 …… 1
    任务一 认识风力驱动器 …… 1
    任务二 风力驱动器从动部件设计 …… 8
    任务三 风力驱动器的装配及装配动画
           设计 …… 17
    任务四 风力驱动器工作动画的设计 …… 26

项目二 底座的数控加工 …… 32
    任务一 底座的建模 …… 32
    任务二 底座工艺工装分析 …… 40
    任务三 底座刀具路径设置 …… 44
    任务四 底座的加工 …… 53

项目三 凸轮轴的数控加工 …… 60
    任务一 凸轮轴的建模 …… 60
    任务二 凸轮轴工艺工装分析 …… 69
    任务三 凸轮轴车削程序编制 …… 73
    任务四 凸轮轮廓刀具路径设置 …… 77
    任务五 凸轮轴的加工 …… 83

项目四 轴套的数控加工 …… 93
    任务一 轴套的建模 …… 93
    任务二 轴套工艺工装分析 …… 109
    任务三 轴套数控车削程序编制 …… 112
    任务四 轴套铣削刀具路径设置 …… 117
    任务五 轴套的加工 …… 129

项目五 叶轮轴的数控加工 …… 144
    任务一 叶轮轴的建模 …… 144
    任务二 叶轮轴工艺工装分析 …… 155
    任务三 叶轮轴数控车削程序编制 …… 161
    任务四 叶片及定位槽刀具路径设置 …… 166
    任务五 叶轮轴的加工 …… 177

**项目六 拓展训练——"大力神杯"
          多轴数控加工** …… 188
    任务一 "大力神杯"零件工艺工装
           分析 …… 188
    任务二 "大力神杯"加工策略设计 …… 195
    任务三 "大力神杯"的数控加工 …… 208

附录：教学实施相关表格 …… 220

参考文献 …… 227

项目一　风力驱动器的从动机构设计

通过对该项目的学习，认识风力驱动器机构的结构及工作原理，完成风力驱动器从动机构的设计、机构工作动画的制作，巩固和掌握 UG 软件装配、动画制作的流程及工具的使用。

任务一　认识风力驱动器

【任务描述】

分析风力驱动器的结构、工作原理，识读风力驱动器的装配图、零件图等，进行小组讨论，完成学习海报及工作单。

【知识准备】

一、风力驱动器机构

风力驱动器为一套组合件（图 1-1），功能是将风能转化为机械能，该机构的主要部件都是车铣复合零件，每个部件加工完后还需进行装配、调试，机构中的叶轮轴涉及多轴加工，需在多轴机床上才能完成加工。

图 1-1　风力驱动器机构

风力驱动器主要由叶轮轴、轴套、底座、凸轮轴四个零件组成，装配图如图 1-2 所示，要求在双点画线内根据实际情况完成从动机构的创新设计，实现凸轮轴中的凸轮驱动一顶杆作水平直线往复运动，其中往复运动的行程为 5±0.1mm。

机构装配后的技术要求为：叶轮轴、凸轮轴与轴套整体组装后，3 个 ϕ15mm 的圆柱台阶销钉应能顺利地插入轴套端面 3 个 ϕ8mm 的销钉孔内，ϕ15mm 台阶销钉与叶轮轴键槽单边间隙应小于 0.035mm；叶轮轴与轴套组装后轴的下端面与轴套上端面之间的间隙应为 $3^{+0.1}_{0}$mm；轴套与凸轮轴装配后，凸轮轴中槽端面与轴套下端面（图 1-2 中 A 处）的高低极限偏差为 ±0.07mm；卸下 ϕ15mm 台阶销钉后，叶轮轴与凸轮轴的装配体在轴套内应能灵活旋转。

二、风力驱动器各部分零件图

如图1-3a所示，底座为三轴加工零件，零件总高25mm，要求倒四个直角；同时零件有4个M10的螺纹孔，有R18mm的圆弧曲面，有φ80mm和φ50mm的孔。该零件表面粗糙度值为Ra3.2μm。

轴套零件属于车铣复合零件（图1-3b），有锥孔及圆弧孔；有同轴度要求；两端面的平行度误差要求在0.04mm以内两个φ25mm孔有同轴度要求，尺寸57mm对φ50mm孔的轴线有对称度要求；同时销钉孔要垂直于端面以保证装配后的台阶销钉能正常装入销钉孔中。

叶轮轴有锥度要求，零件左端有M12的螺纹孔，右端共由6个叶片组成；零件中的叶片及3个定位键槽需多轴加工来实现；同时零件有表面粗糙度要求，零件图如图1-3c、d所示。

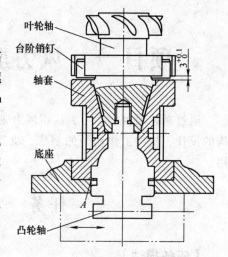

图1-2 "风力驱动器"装配图

凸轮轴零件属于车铣复合零件（图1-3e），有不同尺寸的外圆及球面；同时有不同宽度的槽；有M12-7h的螺纹；其中凸轮轮廓要求对称，由R6mm、R10mm等圆弧组成；该零件的凸轮轮廓度精度影响机构运动精度，同轴度精度影响机构的装配精度。

【**任务实施**】

分析组成部分的零件图及机构的装配图，小组合作以海报的方式描述本组对风力驱动器的认识，说明该机构在建模及加工过程中的重点及难点，同时完成工作单。

工 作 单

任务		认识风力驱动器	
姓名		同组人	
任务用时		实施地点	
任务准备	资料		
	工具		
	设备		
任务实施	步骤1		
	步骤2		
	步骤3		
	步骤4		
以海报的方式描述本组对风力驱动器的认识			
机构功用及主要部件特征			
机构建模及加工重点、难点			
评语			

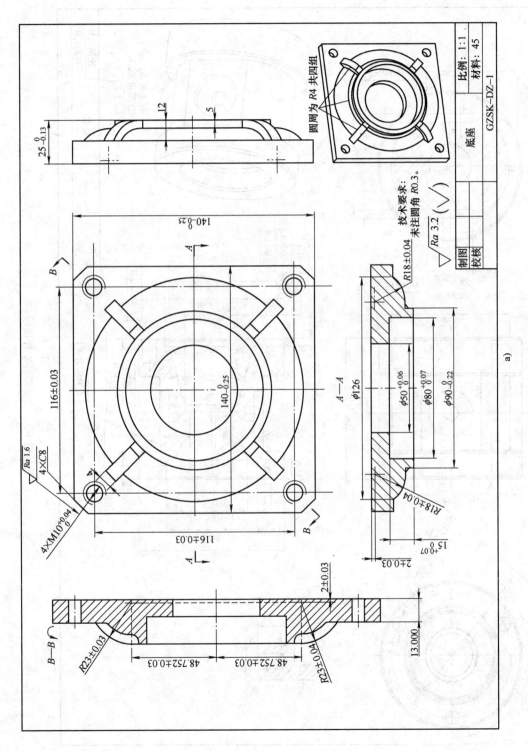

图 1-3 主要部件零件图
a)

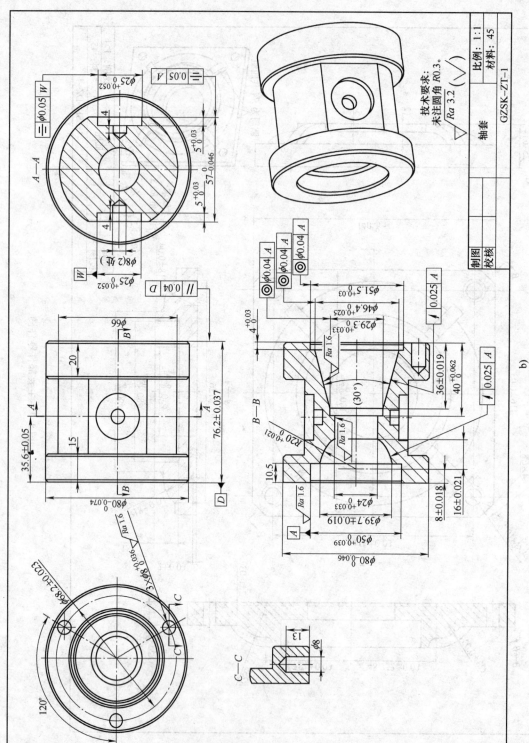

图 1-3 主要部件零件图（续）

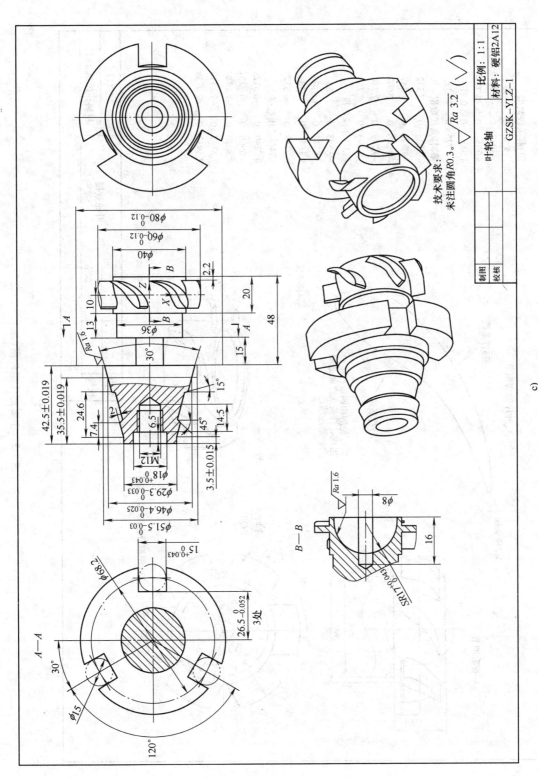

图 1-3 主要部件零件图（续）

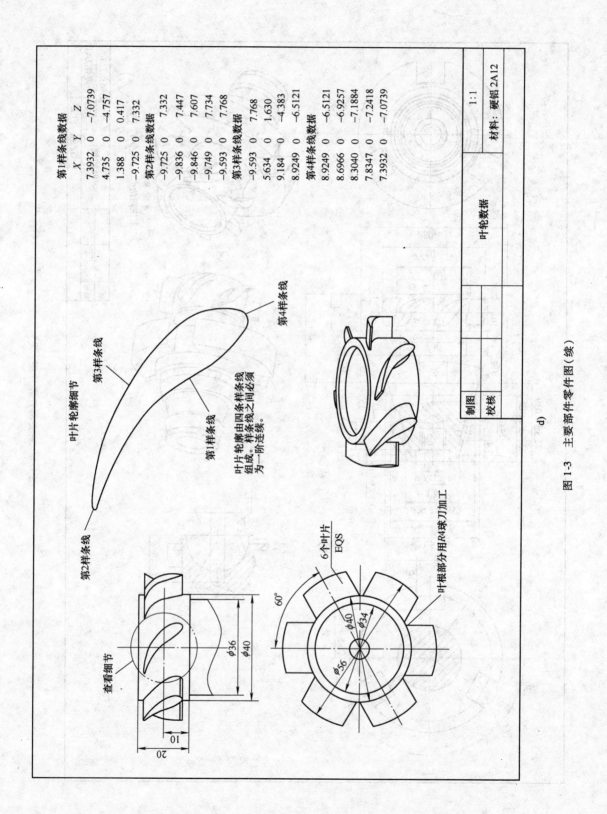

d) 图 1-3 主要部件零件图（续）

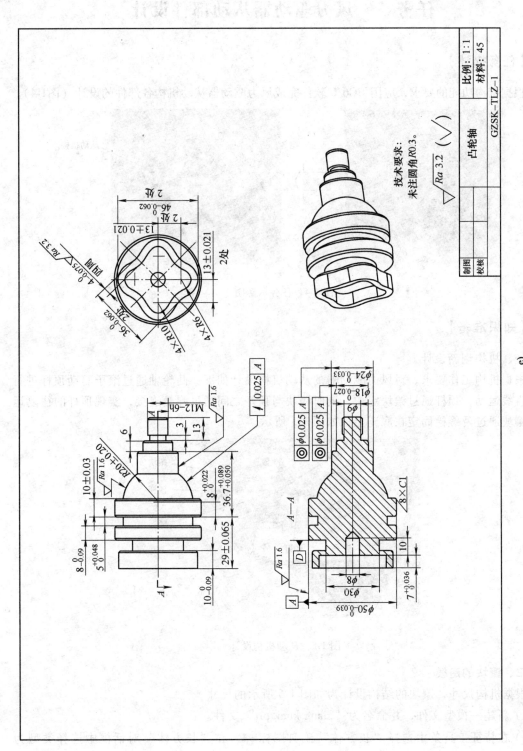

图 1-3 主要部件零件图(续)
a) 底座 b) 轴套 c) 叶轮轴 d) 叶轮数据 e) 凸轮轴

任务二　风力驱动器从动部件设计

【任务描述】

根据机构功能的要求，应用UG6.0软件完成风力驱动器从动机构各部件的设计（图1-4）。

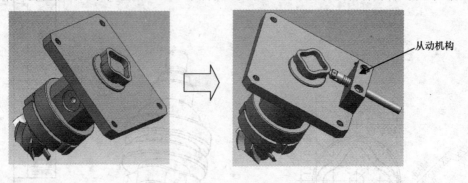

图1-4　任务示意图

【知识准备】

一、机构创新设计

根据机构工作要求，对风力驱动器的从动机构设计如下：凸轮轴通过滚子驱动顶杆进行往复直线运动；顶杆通过镶块定位，同时镶块与顶杆之间通过弹簧连接，实现顶杆的往复运动；镶块通过两螺栓固定在底座上，如图1-5所示。

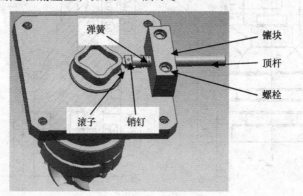

图1-5　从动机构设计

二、镶块的建模

根据机构尺寸，镶块的结构设计为如图1-6所示的尺寸。

1）新建一模型文件，并命名为"xiang kuai.prt"文件。

2）在特征工具条中选择"长方体"工具图标，在"长方体"对话框中选择类型为"原点和边长"；输入长、宽、高分别为60mm、20mm、30mm，选择"确定"按钮选项，生成如图1-7所示的长方体。

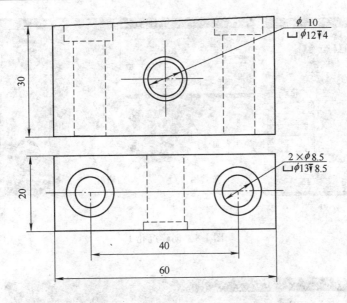

图 1-6 镶块尺寸

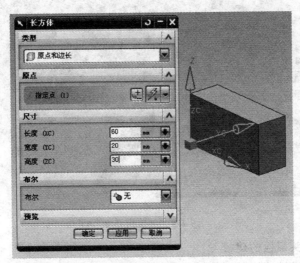

图 1-7 创建长方体

3）在长方体上表面上创建沉孔 1。选择特征工具条中的工具"NX5 版本之前的孔"工具图标，在"孔"对话框中输入沉头孔直径 13mm，沉头孔深度 8.5mm，孔径 8.5mm，孔深度 30mm，如图 1-8a 所示；然后选择长方体上表面，在弹出的"定位"对话框中完成如图 1-8b 所示尺寸的定位（距离右边沿和前边沿都是 10mm），然后选择"确定"，生成一个沉孔。按同样的方法在长方体的另一端创建另一个沉孔，则生成如图 1-8c 所示的沉孔长方体。

4）在长方体前表面创建沉孔 2。用同样的方法，在长方体的前表面中心创建一沉孔，沉头孔直径为 12mm，沉头孔深度 4mm，孔径 10mm，孔深度 30mm，然后选择前表面，定位后生成如图 1-9 所示的沉孔。该沉孔是为装配弹簧及导杆而准备的。至此完成了对镶块的建模。

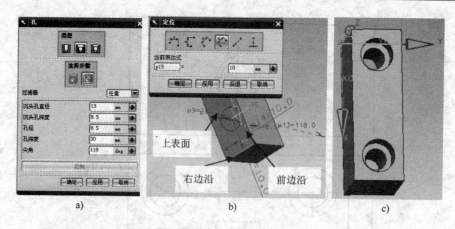

图 1-8 创建沉孔 1

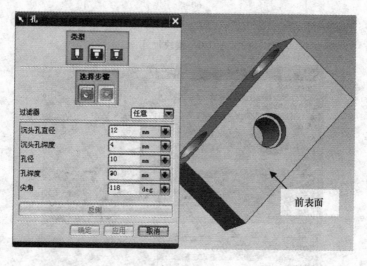

图 1-9 创建沉孔 2

三、内六角圆柱头螺栓的建模

根据镶块尺寸,设计镶块紧固件螺栓的尺寸如图 1-10 所示。

1)新建一模型文件,并命名为"luo shuan.prt"文件。

2)在特征工具条中选择"圆柱"工具图标,在"圆柱"对话框中选择类型为轴、直径和高度;默认矢量为 +Z,指定点为原点,输入直径、高度分别是 12.73mm、7.64mm,选择"确定",生成如图 1-11 所示的圆柱。

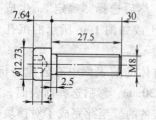

图 1-10 螺栓尺寸　　　　　　　　　　图 1-11 创建圆柱

3）创建凸台。在特征工具条中选择"凸台"工具图标，在弹出的"凸台"对话框中输入直径8mm，高度30mm，如图1-12a所示；然后选择圆柱的上端面，选择"确定"，在弹出的"定位"对话框中选择"点到点"，如图1-12b所示；再选中已选表面的轮廓圆，在弹出的对话框中选中圆弧中心，则会在已选表面生成一个圆柱凸台，如图1-12c所示。

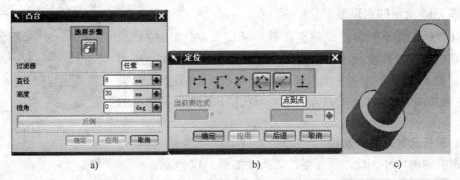

图1-12 创建凸台

4）倒斜角。在特征工具条中选择"倒斜角"工具图标，在弹出的"倒斜角"对话框中，选择横截面为对称，距离为0.5mm，然后选择要倒角的边，然后选择"确定"，则生成如图1-13所示的斜角。

5）添加螺纹。选择特征工具条中的"螺纹"工具图标，在弹出的"螺纹"对话框中（图1-14a）；选择螺纹类型为详细，然后系统会提示选择一个圆柱面，这里选择φ8mm的圆柱面，以φ8mm的圆柱端面为起始面，选择指向φ12.73mm圆柱的方向为螺纹方向，根据零件图，在"螺纹"对话框中输入小径6.75mm，长度27.5mm，螺距1.25mm，

图1-13 倒斜角

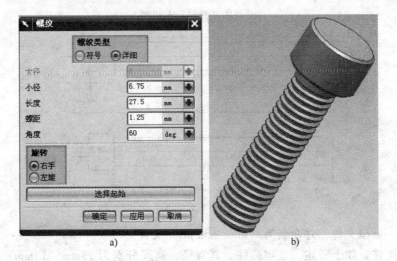

图1-14 创建螺纹

角度60°，旋转为右手，然后选择"确定"，则生成如图1-14b所示的螺纹。

6）创建六方凹槽。选择曲线工具条中的"多边形"工具图标⬢，输入侧面数为6，内接半径值为3mm，然后选择 ϕ12.73mm 的圆柱端面中心为原点（0，0，0），选择"确定"，生成如图1-15所示的六边形。

选择特征工具条中的"拉伸"工具图标，在弹出的"拉伸"对话框中，拉伸曲线选择六边形，方向指向+Z方向，距离为4mm，设置"布尔求差"，如图1-16a所示，然后选择"确定"，生成如图1-16b所示的六方凹槽。至此则完成对紧固螺栓的建模。

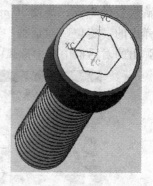

图1-15　创建六边形

四、顶杆及其附件的建模

根据机构的尺寸，设计顶杆零件的尺寸如图1-17所示。

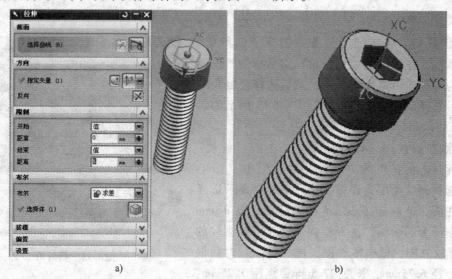

a)　　　　　　　　　　　　b)

图1-16　创建六方凹槽

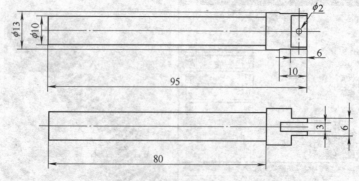

图1-17　顶杆尺寸

1）新建一模型文件，并命名为"ding gan. prt"文件。

2）创建圆柱。如上所述，创建圆柱，其直径、高度分别为13mm、15mm，如图1-18所示。

3）创建凸台。在圆柱上表面上创建直径、高度分别是 10mm、80mm 的圆柱凸台，如图 1-19 所示。

图 1-18　创建圆柱

图 1-19　创建圆柱凸台

4）创建腔体。选择特征工具条中的"腔体"工具图标，选择矩形，然后选中较大圆柱的端面，在弹出的"矩形腔体"对话框中输入长、宽、深分别是 30mm、3mm、10mm，其余参数为 0；在弹出的"定位"对话框中选择"垂直"，然后选择 X 基准轴，再选择矩形腔体的中心线，在弹出的"创建表达式"对话框中输入 0，如图 1-20a 所示，然后选择"确定"，于是在圆柱中心构建宽为 3mm、深为 10mm 的中心腔体，如图 1-20b 所示。

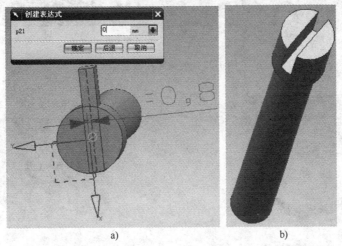
图 1-20　创建矩形腔体 1

然后用同样的方法在中心腔体两侧再次创建两个矩形腔体，使其将 φ13mm 的圆柱两侧各切除厚 3.5mm、深 6mm 的两块，如图 1-21a 所示。设置参数时可将腔体宽设为 7mm，定位时设定腔体中心线与 X 基准轴的距离为 6.5mm，如图 1-21b 所示，创建完后如图 1-21c 所示。

在新生成的平面中心位置创建圆柱形腔体，腔体直径为 2mm，贯穿整个圆柱体。定位时设置距离 Z 轴为 0mm，距离 X 轴为 3mm，如图 1-22a 所示，生成圆柱腔体后如图 1-22b 所示。

5）创建滚子零件。新建一模型文件，并命名为"gun zi. prt"文件。如上所述，创建圆柱，使其直径、高度分别是 12mm、2mm，并在其中心创建 φ2mm 的通孔，如图 1-23 所示。

6）创建销钉零件。新建一模型文件，并命名为"xiao ding. prt"文件。如上所述，创建圆柱，使其直径、高度分别是 2mm、6mm，如图 1-24 所示。

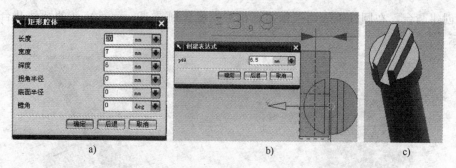

图 1-21 创建矩形腔体 2

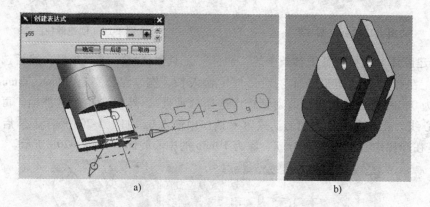

图 1-22 创建圆柱形腔体

图 1-23 创建滚子

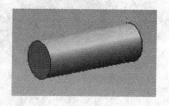

图 1-24 创建销钉

五、弹簧的建模

1）新建一模型文件，并命名为"tan huang. prt"。

2）创建螺旋曲线。选择"插入/曲线/螺旋曲线"，在弹出的"螺旋线"对话框中输入如图 1-25a 所示参数，然后选中点构造器，在"点"对话框中输入（0，0，0），然后选择"确定"，则生成如图 1-25b 所示的螺旋线。

3）创建整圆。选择实用工具条中的"WCS 原点"工具图标，然后选中螺旋线下方端点，则会将工作坐标系移至螺旋线下方端点处，如图 1-26b 所示，然后再选择实用工具条中的"旋转 WCS"工具图标，将 Y 轴旋转至 Z 轴，如图 1-26c 所示。

选择曲线工具条中的"基本曲线"工具图标，在"基本曲线"对话框中选择圆，在跟踪条中输入如图 1-27 所示的数据，按回车键，则在原点处生成 φ0.5mm 的整圆。

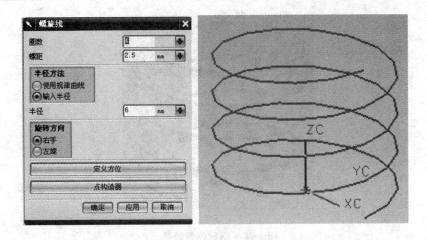

图 1-25 创建螺旋曲线

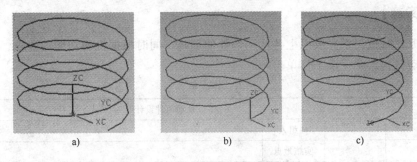

图 1-26 平移旋转坐标系

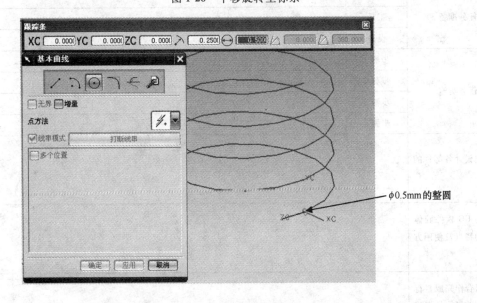

图 1-27 绘制整圆

4)创建弹簧特征。在特征工具条中选择"沿引导线扫掠"工具图标，在弹出"沿引导线扫掠"对话框中，截面选择 $\phi 0.5$mm 的整圆，引导线选择螺旋线，然后选择"确定"，则生成如图 1-28 所示的弹簧。至此则对从动机构各部件完成造型。

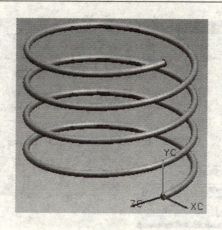

图 1-28　创建弹簧特征

【任务实施】

工作任务：每位同学完成以上各从动部件的创建，同时根据机构功能的要求，小组合作设计一套从动机构，并完成工作单。

工 作 单

任务		从动部件设计	
姓名		同组人	
任务用时		实施地点	
任务准备	资料		
	工具		
	设备		
任务实施	步骤1		
	步骤2		
	步骤3		
	步骤4		
写出设计各部件的作用			
描述 UG 软件腔体工具的特点及使用方法			
小组合作完成自行设计从动机构的海报展示			
评语			

任务三 风力驱动器的装配及装配动画设计

【任务描述】

应用 UG6.0 软件，完成风力驱动器的装配图、爆炸图及装配动画的制作等（图 1-29）。

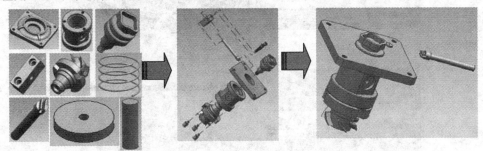

图 1-29 任务示意图

【知识准备】

一、风力驱动器的装配

1）将设计的从动机构的零件及机构的主要零件保存在一个文件夹中，命名为"ling jian-zp"，如图 1-30 所示。

2）打开 UG6.0，新建一装配文件"zp1.prt"，并保存在非中文文件夹中，如图 1-31 所示。

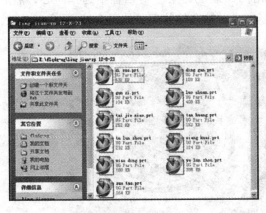

图 1-30 新建装配文件夹

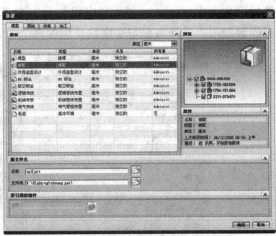

图 1-31 新建装配文件

3）添加底座零件。新建文件后，在弹出的"添加组件"对话框中打开之前新建的"zplj"文件夹，然后找到"di zuo.prt"文件，同时选择定位为绝对原点，Reference Set 为模型，如图 1-32 所示，选择应用后，则底座零件会被输入到界面中。

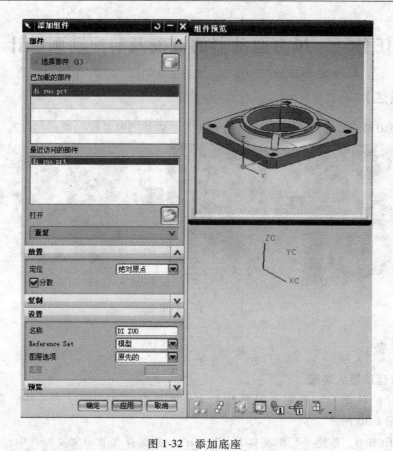

图 1-32 添加底座

4)添加轴套。如上所述,在"添加组件"对话框中找到"zhou tao.prt"零件,同时选择定位为通过约束,选择"应用"后,在弹出的"装配约束"对话框中选择同心,然后根据装配图,选择轴套与底座贴合面的两个圆,完成对轴套的装配,如图 1-33 所示。

图 1-33 添加轴套

5)添加叶轮轴。按上述方法添加叶轮轴后如图 1-34a 所示,此时还需添加一个中心定位,保证轴套端面孔与叶轮轴中的定位槽对应。在装配约束对话框中选择"中心"类型,1

对2子类型，如图1-34b所示，然后先选择轴套端面孔的轴线，再选择叶轮轴定位槽的两个定位面后，添加中心约束，使得轴套端面孔在叶轮轴定位槽中心，如图1-34c所示。

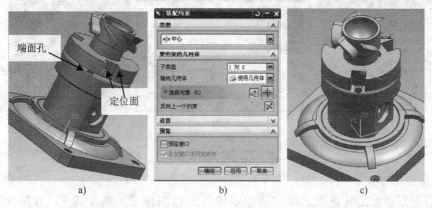

图1-34 添加叶轮轴

在"添加组件"对话框中选择"取消"后，选择"开始/建模/插入/基准/基准CSYS"，在弹出的"基准CSYS"对话框中选择"确定"，会在界面中添加一个基准坐标系，如图1-35a所示，然后选中底座，单击右键后选择"替换引用集/整个部件"，则显示出底座零件包含的所有图素，如图1-35b所示。

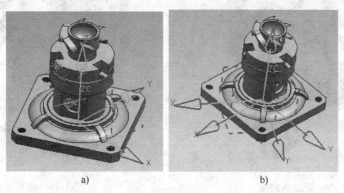

图1-35 添加基准坐标系

在界面下方装配工具条中选择"装配约束"工具图标，在弹出的"装配约束"对话框中选择平行类型，然后选中两个Y轴，使得底座零件的Y轴与装配图中的Y轴重合，然后再次选中底座，单击右键后选择"使用引用集/MODEL"，使其只显示模型，如图1-36所示。

6) 添加台阶销钉。在界面下方装配工具条中选择"添加组件"工具图标，如步骤4) 方法，添加一个台阶销钉至轴套端面孔处，如图1-37a所示。然后选择装配工具条中的"创建组件阵列"，工具图标，选中界面中的台阶销钉后，在弹

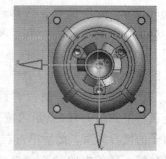

图1-36 添加平行约束

出的"创建组件阵列"对话框中选择圆形、基准轴，然后输入总数为3，角度为120°，如图1-37b所示，然后选择"确定"，则在轴套三个端面孔上都装配上了台阶销钉，如图1-37c所

示。

图1-37 添加台阶销钉

7) 添加凸轮轴。

在界面下方装配工具条中选择"添加组件"工具图标，如步骤4)方法，根据装配图，添加凸轮轴到机构相应位置，如图1-38所示。

8) 添加镶块。选择"添加组件"工具，找到"xiang kuai.prt"文件，选择通过约束定位，然后通过约束类型中的"接触对齐"和"中心"类型将镶块装配至底座下表面边缘的中心位置，如图1-39所示。

图1-38 添加凸轮轴

图1-39 添加镶块

9) 添加顶杆。选择"添加组件"工具，找到"ding gan.prt"文件，选择通过约束定位，然后通过约束类型中的"同心"和"平行"类型将顶杆装配至图1-40所示位置，使顶杆$\phi 13mm$的圆与镶块$\phi 12mm$的圆同心。

10) 添加滚子。通过"同心"约束添加滚子零件至顶杆上如图1-41a所示的位置处。选择装配导航器中滚子的同心约束，然后单击右键，选择删除选项，再选择装配工具条中的"移动组件"工具图标，在弹出"移动组件"对话框中选中滚子，选择"动态"类型，选中指定方位后，在出现的坐标系中选中Z轴，输入-0.5mm，如图1-41b所示。然后选择"确定"，则将滚子零件移至顶杆中心位置，如图1-

图1-40 添加顶杆

41c 所示。

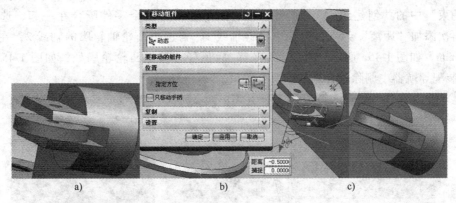

图 1-41 添加滚子

11) 添加销钉。通过"同心"约束添加销钉零件至顶杆位置，如图 1-42 所示。

12) 添加螺栓。通过"同心"约束添加螺栓零件至镶块孔内位置，如图 1-43 所示。

图 1-42 添加销钉

图 1-43 添加螺栓

13) 调整凸轮轴位置。在装配导航器中先删除所有约束，然后选中凸轮轴，使其显示出整个部件，如图 1-44a 所示，然后给凸轮轴添加平行约束，使凸轮轴的 Z 轴与装配坐标系中的 X 轴平行，再次设置凸轮轴显示为 MODEL，如图 1-44b 所示。

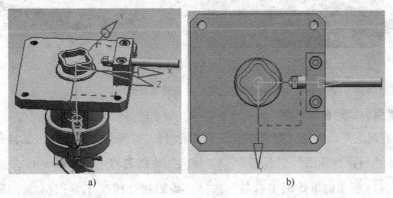

图 1-44 调整凸轮轴位置

14) 调整顶杆位置。在界面下方装配工具条中选择"装配约束"工具图标，在弹出的

"装配约束"对话框中选择"胶合"类型,分别选中顶杆、滚子和销钉三个零件,然后选择"装配约束"中的"创建约束",则将顶杆、滚子和销钉三个零件胶合在一起,选择"确定"。再次添加"距离"约束,先选中销钉轴线1,再选中凸轮轴轮廓的轴线2,在距离中输入16mm,如图1-45a所示,选择"确定"后顶杆会移至凸轮轮廓处,如图1-45b所示,最后在装配导航器中删除胶合之外的所有约束。

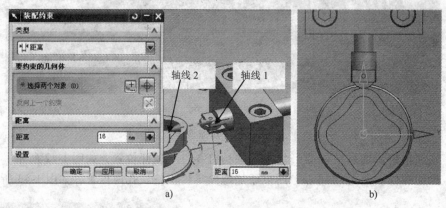

图1-45 调整顶杆轴位置

15)添加弹簧零件。在装配工具条中选择"添加组件"工具图标,在"添加组件"对话框中找到"tan huang.prt"文件,同时选择定位为"选择原点",选择"确定",然后选择顶杆零件上圆1的圆心,则添加弹簧,如图1-46a所示。选择装配工具条中的"移动组件"工具图标,在弹出"移动组件"对话框后选中弹簧,选择"绕轴旋转"类型,将弹簧绕Y轴方向旋转90°,如图1-46b所示。至此则完成对整个机构的装配。

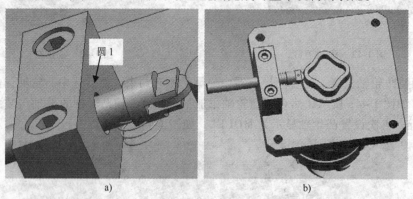

图1-46 添加弹簧

二、创建风力驱动器爆炸图

1)选择装配工具条中的"爆炸图"工具图标,系统会弹出爆炸图工具条,在爆炸图工具条中选择"创建爆炸图"工具图标,输入爆炸图名称"Explosion 1",选择"确定",则出现如图1-47a所示的爆炸图工具条,选择"编辑爆炸图"工具图标,先选中两个螺栓,再在"编辑爆炸图"对话框中选中"移动对象",在出现移动坐标系后选中Z轴,再在"编辑爆炸图"对话框中输入距离为-100mm,如图1-47b所示,选择"确定"后,螺栓会

往 –Z 方向移动 100mm，如图 1-47c 所示。

图 1-47 调整顶杆轴位置

2）移动其他部件。用同样的方法，以正交的模式移动机构其他部件后，获得如图 1-48 所示的爆炸图。

3）显示或隐藏爆炸图。在爆炸图工具条中选择"Explosion 1"或"无爆炸"可以显示或隐藏爆炸图，如图 1-49 所示。

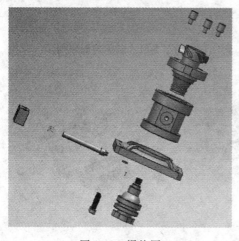

图 1-48 爆炸图

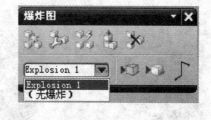

图 1-49 显示或隐藏爆炸图

4）创建追踪线。在爆炸图工具条中选择"创建追踪线"工具图标 ，在弹出"创建追踪线"对话框后选择要创建追踪线的两点（装配过程中的定位点），所生成的追踪线爆炸图如图 1-50 所示。

三、创建风力驱动器装配动画

1）删除约束。在装配导航器中删除所有约束。

2）新建装配序列。关闭爆炸图后，在装配工具条中选择"装配序列"工具图标，进入装配序列界面后，在界面右侧"序列导航器"中选中"序列"，单击右键选择新建序列项，新建装配序列如图 1-51 所示。

3）插入螺栓的直线装配运动。在界面上方选择"装配次序和运动"工具条中的"插入运动"工具图标，在弹出"记录组建运动"工具条后选中两个螺栓零件，如图 1-52a 所示；然后选择"移动对象"工具图标，在弹出移动坐标系后选中 Z 轴，在距离中输入

-100mm，按回车键后，会将螺栓零件往 -Z 方向移动100mm，如图1-52b所示；然后选择"记录组建运动"工具条中的"拆卸工具"工具图标，则会将螺栓零件拆除并隐藏，如图1-52c所示。

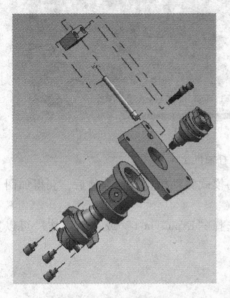

图1-50 创建追踪线

图1-51 新建装配序列

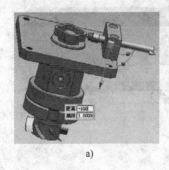

a)

b)

c)

图1-52 插入螺栓的直线装配运动

4）插入镶块及顶杆、滚子、销钉及台阶销钉的直线装配运动。如上方法，将镶块朝移动坐标系中的Y轴负方向移动100mm后拆卸；将弹簧朝移动坐标系中的Z轴正方向移动100mm后拆卸；将销钉朝移动坐标系中的Z轴正方向移动20mm后拆卸；将顶杆零件朝移动坐标系中的Z轴负方向移动100mm后拆卸；将滚子朝移动坐标系中的X轴正方向移动100mm后拆卸；将台阶销钉朝移动坐标系中的Z轴正方向移动100mm后拆卸。结果如图1-53所示。

5）插入叶轮轴及凸轮轴的旋转装配运动。选择"装配次序和运动"工具条中的"插入运动"工具图标，

图1-53 插入镶块等零件的装配运动

在弹出"记录组建运动"工具条后选中叶轮轴及凸轮轴两个零件，然后选择"移动对象"工具图标，在弹出移动坐标系后选中 XY 平面上的"旋转按钮"，在角度中输入 360°，则在确定后即插入了叶轮轴及凸轮轴 360°的旋转运动，如图 1-54 所示。

6）插入凸轮轴的旋转及直线装配运动。如上所述，再次插入凸轮轴零件绕运动坐标系中 X 轴的旋转运动（角度为 -360°）；然后将凸轮轴朝移动坐标系中 X 轴的负方向移动 100mm 后拆卸，如图 1-55 所示。

图 1-54 插入叶轮轴及凸轮轴的旋转装配运动

图 1-55 凸轮轴的旋转及直线装配运动

7）插入叶轮轴、轴套及底座的装配运动。选中叶轮轴，插入运动，将叶轮轴朝移动坐标系中的 Z 轴正方向移动 100mm 后拆卸；选中轴套，插入运动，将轴套朝移动坐标系中 X 轴的正方向移动 100mm 后拆卸；选中底座后拆卸。

8）播放装配及拆卸视频。选中"装配次序回放"工具条中的"向后播放"工具图标，可以播放整个机构的装配视频；选中"装配次序回放"工具条中的"向前播放"工具图标，则能播放整个机构的装配视频。

图 1-56 输出视频

9）导出电影。选中"装配次序回放"工具条中的"导出至电影"工具图标，在弹出的"电影创建"对话框中输入视频名称，则输出.avi 格式的装配及拆卸视频，如图 1-56 所示。

【任务实施】

应用 UG6.0 软件，完成风力驱动器的装配、爆炸图及装配动画的制作，同时完成工作单。

工 作 单

任务		完成风力驱动器的装配、爆炸图及装配动画	
姓名		同组人	
任务用时		实施地点	
任务准备	资料		
	工具		
	设备		
任务实施	步骤1		
	步骤2		
	步骤3		
	步骤4		
装配中用到哪些约束，各有何特点			
描述爆炸图的制作过程			
如何添加凸轮轴的旋转动画			
评语			

任务四　风力驱动器工作动画的设计

【任务描述】

根据风力驱动器的功能，应用 UG6.0 完成其工作动画的制作。机构运动过程为：台阶销钉作直线移出后，叶轮轴带动凸轮轴旋转，然后凸轮轴驱动顶杆作往复直线运动，如图 1-57 所示。

图 1-57 机构运动过程示意图

【知识准备】

一、新建运动仿真

完成机构的装配动画后选择标准工具条中的"精加工序列"工具图标 精加工序列，退出"装配次序"环境，然后选择"开始/运动仿真"，进入软件的"运动仿真"模块。在界面左侧"运动导航器"中选择装配文件，右键单击选择新建仿真，在弹出的"环境"对话框中选择"动态"后确定，如图 1-58a 所示，在"运动导航器"中新建了运动仿真"motion_1"文件，如图 1-58b 所示。

图 1-58 新建运动仿真

二、创建连杆

选择"运动"工具条中的"连杆"工具图标，在弹出"连杆"对话框后，将三个台阶销钉定义为"L001"连杆，将凸轮轴和叶轮轴定义为"L002"连杆，将顶杆、滚子及销钉定义为"L003"连杆，如图 1-59 所示。

三、创建台阶销钉直线运动

1) 定义运动。选择运动工具条中的"运动副"工具图标，在弹出"运动副"对话框后，选择类型为滑动副类型，连杆为台阶销钉（J001），指定原点选择为圆 1 的圆心，指定方位选择 +Z 方向，如图 1-60 所示。

2) 编辑运动。在"运动副"对话框中选择"驾驶员"对话框，在"平移"中选择"函数"，在"函数数据类型"中选择"位移"，然后选中函数右侧的"▼"图标，在弹出的下拉菜单中选择"f（x）函数管理器"，如图 1-61a 所示，选择函数属性为数学，然后选中新建函数图标"▨"，在函数管理器中插入"运动函数"，然后双击"STEP"函数，即将

"STEP"函数插入"公式"对话框中,然后将"STEP"函数编辑为 STEP(x, 0, 0, 10, 100),如图 1-61b 所示,选择"确定",即完成销钉动画的制作。

图 1-59 定义连杆

图 1-60 定义台阶销钉滑动副

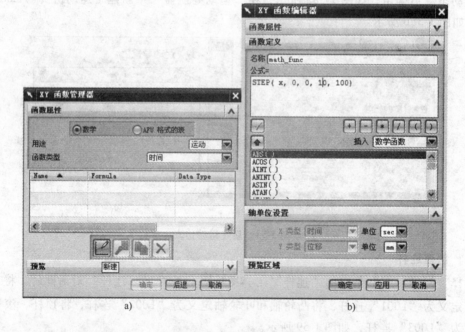

图 1-61 编辑台阶销运动

四、创建凸轮轴和叶轮轴的旋转运动

1)定义运动。选择运动工具条中的"运动副"工具图标,在弹出运动副对话框后,选择类型为旋转副类型,连杆为凸轮轴和叶轮轴(J002),指定原点选择为圆 1 的圆心,指定方位选择 +Z 方向,如图 1-62 所示。

2)编辑旋转运动。如上所述,在函数管理器中插入"STEP"函数,编辑为 STEP(x, 0, 0, 10, 100)+STEP(x, 10, 0, 20, 360),如图 1-63 所示,选择"确定",即完成凸轮轴和叶轮轴旋转运动的动画。

项目一 风力驱动器的从动机构设计 29

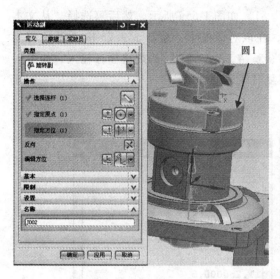

图 1-62 定义凸轮轴和叶轮轴滑动副

图 1-63 编辑旋转运动

五、创建顶杆直线运动

1）定义运动。选择运动工具条中的"运动副"工具图标，在弹出"运动副"对话框后，选择类型为滑动副类型，连杆为顶杆等（J003），指定原点选择为圆1的圆心，指定方位选择 –X 方向，如图 1-64 所示。

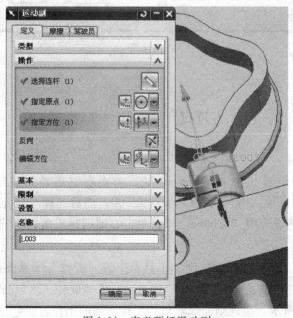

图 1-64 定义顶杆滑动副

2）编辑运动。如上所述，在函数管理器中选择"AFU 格式的表"，然后新建函数，在"XY 函数编辑器"中选中"创建步骤"中的"XY"图标，再在"XY 数据创建"下拉列表中输入 X 最小值为 0，X 向增量为 0.25，点数为 81，如图 1-65a 所示。然后再选择"从文本编辑器输入"图标，即进入"输入"对话框，在该对话框中，从 0 至 9.75 输入 Y 值都为 0；从 10 开始，Y 的值开始按"0、1、2、3、4、5、4、3、2、1"的规律循环输入，如图 1-65b 所示，然后选择"确定"，即完成顶杆的往复直线运动动画。

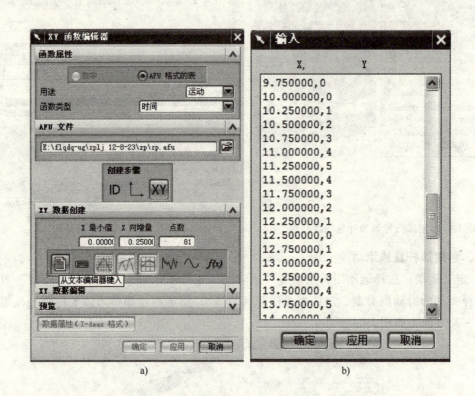

图 1-65 编辑顶杆运动

六、新建解算方案

1）选中"运动导航器"中的"motion_1"，单击右键选择新建解算方案，在弹出的"解算方案"对话框中，输入时间为 20，步数为 500，然后选择"确定"，即新建一个解算方案"Solution_1"，然后选中"Solution_1"，单击右键选择求解，则完成动画的求解运算，如图 1-66 所示。

2）播放运动动画。选择"动画控制"工具条中的"播放"工具图标，则系统将播放设计的动画。台阶销钉作直线移出后，叶轮轴带动凸轮轴旋转，然后凸轮轴驱动顶杆作往复直线运动，如图 1-67 所示。至此则完成对机构工作动画的制作。

项目一 风力驱动器的从动机构设计

图 1-66 新建求解方案

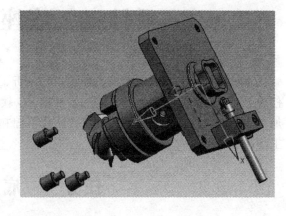

图 1-67 运动动画

【任务实施】

根据风力驱动器的功能，完成其工作动画的制作，同时小组合作自行设计机构的工作动画，并完成工作单。

工 作 单

任务		机构工作动画制作	
姓名		同组人	
任务用时		实施地点	
任务准备	资料		
	工具		
	设备		
任务实施	步骤1		
	步骤2		
	步骤3		
描述运动仿真操作过程			
写出"STEP"函数格式几个参数含义			
该机构工作用到几个动画，各起什么作用			
评语			

项目二 底座的数控加工

本项目要求完成底座建模、加工工艺分析、刀具路径设置、数控程序编制及仿真加工等任务。通过对该项目的学习,进一步掌握 UG 软件的特征及特征工具条的使用,掌握等高线加工、平面区域加工等刀路的设置方法;巩固和掌握数控加工工艺、数控编程、数控仿真加工等相关知识。

任务一 底座的建模

【任务描述】

根据零件图,应用 UG 6.0 软件,完成底座零件的建模。

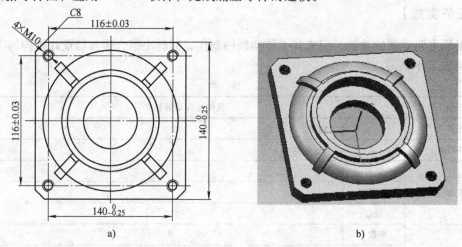

图 2-1 底座零件图

【知识准备】

一、建模过程分析

根据底座特征,应先绘制出底座长方体,然后绘制圆台及曲面旋转草图,生成特征后再构建直径为 $\phi 80mm$ 和 $\phi 50mm$ 的孔,最后构建 M10 的螺纹,建模过程如图 2-2 所示。

二、底座建模步骤

1)启动 UG 软件。双击 UG 6.0 软件图标 进入 UG 6.0 程序。

2)新建一个文件。执行"文件/新建"命令,选择"模型",给新文件指定路径和文件名,单击"确定"按钮,如图 2-3 所示。

3)创建长方体。在"特征"工具栏上单击"长方体"工具图标 ,弹出"长方体"对话框,设置参数为原点指定为 XC = -70mm、YC = -70mm、ZC = 0,长度(XC)=

项目二 底座的数控加工　　33

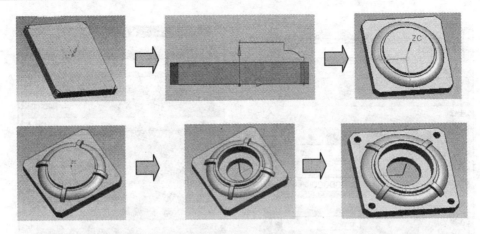

图 2-2　底座造型流程

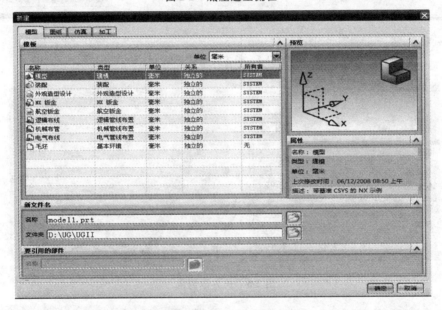

图 2-3　新建文件界面

140mm，宽度（YC）=140mm，高（ZC）=13mm，单击"确定"按钮，如图 2-4 所示。

4）长方体倒斜角。在"特征"工具栏上单击"倒斜角"工具图标，在弹出的"倒斜角"对话框中设置横截面为"对称"，距离为 8mm，对长方体 4 个角进行倒斜角，如图 2-5 所示。

5）绘制圆台及曲面特征草图。

① 在"特征"工具栏上单击"草图"工具图标。选择 ZX 面作为草图平面创建草图，绘制图案轮廓线，如图 2-6 所示。

② 在"草图工具栏"上单击工具图标，使用自动判断尺寸命令对图 2-7 所示的各部分添加尺寸（尺寸值如图 2-7 所示）。

③ 在"草图工具栏"上单击偏置曲线工具图标，在弹出的"偏置曲线"对话框中添加底边直线，向上偏置距离为 2mm，如图 2-8 所示。

a)

b)

图 2-4 长方体创建界面

图 2-5 长方体倒角

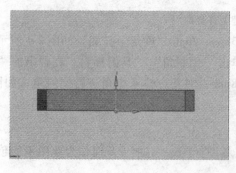
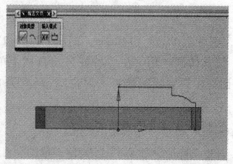

图 2-6 轮廓线绘制

④ 在"草图工具栏"上单击"约束"工具图标 ，对如图 2-9 所示直线 1 与直线 2 添加约束属性"共线"，选中曲线 3 与直线 4，添加约束属性"点在曲线上"（曲线 3 的圆心在直线 4 上），最后对曲线 3 的右端点与直线 5 的上端点添加约束属性"重合"。约束添加完毕后，删除直线 4，单击"完成草图"工具图标 。

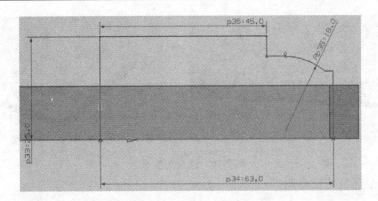

图 2-7 轮廓尺寸确定

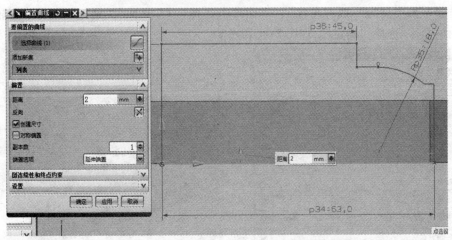

图 2-8 偏置指定曲线

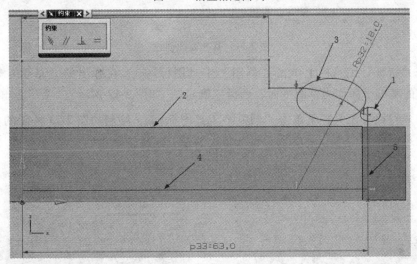

图 2-9 约束的确定

6) 生成圆台及曲面特征模型。在"特征"工具栏上单击"回转"工具图标,弹出"回转"对话框后选择刚刚绘制的曲线,指定矢量选择"Z 轴",选择"确定",结果如图 2-10 所示。

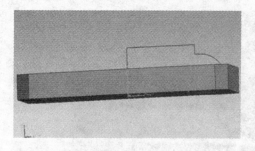

图 2-10 圆台的生成

7）绘制 4 个筋板特征草图。

① 在"特征"工具栏上单击"基准平面"工具图标，在弹出的"基准平面"对话框中选择平面类型为"成一角度"，平面参考选择"ZX 平面"，通过轴选择"Z 轴"，角度值设为 -45°，选择"确定"，如图 2-11 所示。

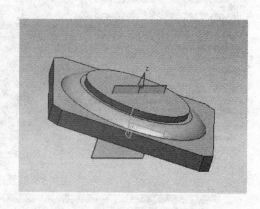

图 2-11 基准面的创建

② 在"特征"工具栏上单击"草图"工具图标，在弹出的"草图"对话框中，选择刚生成的基准平面作为草图平面，选择"确定"，如图 2-12 所示。

③ 在"特征"工具栏上单击"圆弧"工具图标，绘制如图 2-13 所示的大致曲线，然后单击"投影曲线"工具图标，选择投影对象，选择"确定"。

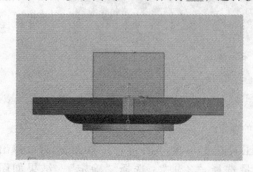
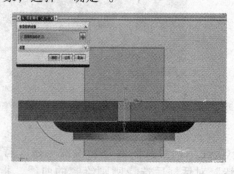

图 2-12 草图的创建　　　　　　　图 2-13 圆弧的绘制

④ 在"草图工具栏"上单击工具图标 ![icon]，使用自动判断尺寸命令对图形尺寸进行判定。选择刚才所画的曲线，设置参数，输入半径值为 23mm，设置所画曲线的圆心与顶端直线垂直方向距离为 2mm，与 Z 轴横向距离为 48.752mm，选择"确定"，如图 2-14 所示。

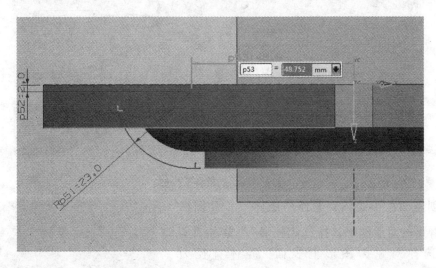

图 2-14 尺寸的确定

⑤ 在"草图工具栏"单击"制作拐角"工具图标 ![icon]，选择所绘制的曲线与底端直线，选择"确定"，然后在竖直方向做如图 2-15a 所示的直线，之后使用制作拐角功能，将其修剪成如图 2-15b 所示的封闭图形，单击"关闭"完成草图。

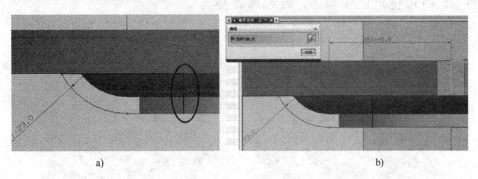

a)   b)

图 2-15 筋板草图的绘制

⑥ 在"特征"工具栏上单击"拉伸"工具图标 ![icon]，在弹出的"拉伸"对话框中选择截面为刚刚所绘制的图案，设置拉伸宽度，在限制一栏的结束选项中选择对称值，距离选择为 4mm，选择"确定"，如图 2-16 所示。

⑦ 创建圆形阵列。单击"实例特征"工具图标 ![icon]，选择"圆形阵列/拉伸"，确定后在方法处选择"常规"，数字处输入 4，角度为 90°，选择"确定"。然后选择基准轴，单击"Z 轴"，选择"是"，即可得到图 2-17 所示的图形。单击"求和"工具图标 ![icon]，选择所画的各部分后单击"确定"按钮。

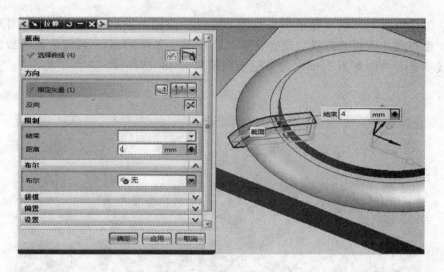

图 2-16 筋板特征拉伸

8）创建圆柱形腔体。选择"腔体"工具图标 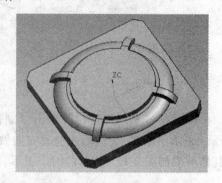，在弹出的对话框中选择"圆柱形"，单击"实体面"，选择对象为图形上表面，腔体直径为 ϕ80mm，深度为 15mm，底面半径为 0，锥角为 0，选择"确定"，之后定位方式选择"点到点"，然后单击上表面圆弧，选择圆弧中心，单击所生成预览圆的圆弧，选择圆弧中心，这样便得到如图 2-18a 所示的图形。同理使用腔体功能，做腔体直径为 ϕ50mm，深度为 15mm 的腔体完成绘制，如图 2-18b 所示。

图 2-17 筋板圆形阵列

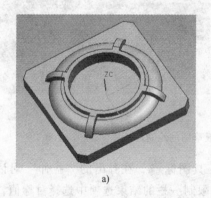
a)

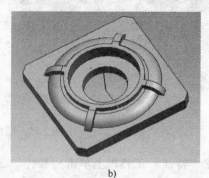
b)

图 2-18 腔体的形成

9）创建圆孔和螺纹。单击"实例特征"工具图标，在弹出的对话框中，选择"常规孔"类型，位置指定为孔的中心，孔方向"垂直于面"，成形为"简单"，直径为 8mm，深度限制为贯通体，布尔为"求差"，然后在设计特征中选择螺纹，在弹出的"螺纹"对话框中设置螺纹的参数，选择"确定"，并创建圆形整列，效果如图 2-19 所示。

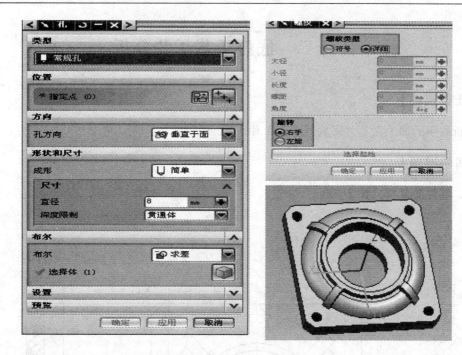

图 2-19 圆孔与螺纹的创建

【任务实施】

根据零件图,应用 UG 6.0 软件完成底座零件的建模,同时完成完成工作单。

工 作 单

任务		完成底座建模	
姓名		同组人	
任务用时		实施地点	
任务准备	资料		
	工具		
	设备		
任务实施	步骤1		
	步骤2		
	步骤3		
	步骤4		
写出完成底座建模过程中使用到的工具			
描述底座的建模过程			
通过该零件建模,对软件及建模技巧有哪些体会			
评语			

任务二 底座工艺工装分析

【任务描述】

分析底座的加工工艺,完成其工艺卡片。

【知识准备】

一、零件图分析(图2-20)

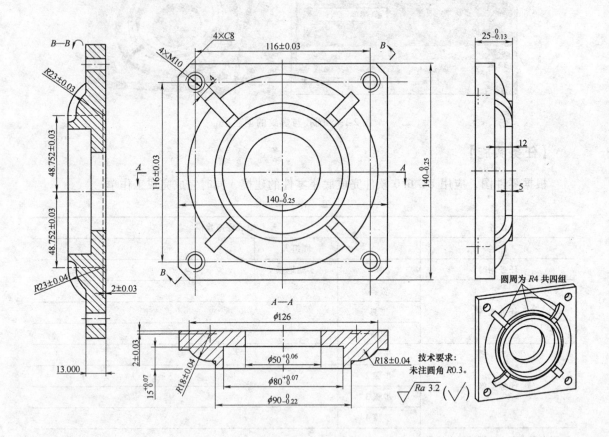

图2-20 底座零件图

1)零件主要特征。

零件外形尺寸为:140mm×140mm×25mm。

尺寸精度:$140_{-0.25}^{0}$ mm、$25_{-0.13}^{0}$ mm、$\phi 90_{-0.22}^{0}$ mm、$\phi 80_{0}^{+0.07}$ mm、$\phi 50_{0}^{+0.06}$ mm、

2 ± 0.03mm、$R23\pm0.03$mm、$R23\pm0.04$mm、$R18\pm0.04$mm、$15_{\ 0}^{+0.07}$mm。

形状精度：无特殊要求。

位置精度：48.752 ± 0.03mm、116 ± 0.03mm。

表面粗糙度 Ra：3.2μm。

2）重点尺寸。$\phi90_{-0.22}^{\ 0}$mm、$\phi80_{\ 0}^{+0.07}$mm、$\phi50_{\ 0}^{+0.06}$mm。

3）毛坯的选择。

外形：140mm×140mm×25mm。

材料：45钢。

热处理：无。

4）机床：五轴加工中心。

5）刀具：ϕ20mm立铣刀、ϕ6mm球头铣刀、ϕ8.8mm钻头、M10丝锥。

6）量具：外径千分尺、内径千分尺、0~150mm的游标卡尺。

二、加工工艺分析、工艺路线的拟定

1）零件装夹。采用机用平口虎钳、标准垫铁、正反面装夹140mm轮廓，使用百分表找正。

2）提高加工效率的工艺措施有：

① 尽量使用直径大、刚度好的铣刀。

② 粗加工时应采用等高粗加工的走刀方式。

③ 在保证夹持稳定的情况下，尽量采用较大的切削用量，因为机夹刀具一般都为硬质合金刀片，可以采用较高的主轴转速、较大的进给速度和适当的切深，建议机床主轴转速 n 取1500r/min，背吃刀量 a_p 为1~2mm，侧吃刀量 a_e 为10~16mm。可以根据具体情况改变切削参数。

3）加工方案。

外轮廓、外形：粗铣——精铣。

曲面：粗铣——精铣——清根。

内孔：钻孔——粗铣——精铣。

螺纹：钻孔——攻螺纹。

4）加工顺序。

① 使用机用平口虎钳装夹毛坯 ϕ140mm外轮廓，铣削外形、上面结构。

② 粗铣 ϕ50mm、ϕ80mm内孔。

③ 精铣曲面到要求尺寸。

④ 精铣 ϕ50mm、ϕ80mm内孔。

⑤ 钻削M10螺纹底孔。

⑥ 攻螺纹。

调头装夹 ϕ140mm外轮廓，铣削顶面保证厚度至要求尺寸。

三、工艺工装制定

1）工艺简表（见表2-1）。

2）刀具简表（见表2-2）。

表 2-1 工艺简表

工序号	工序名称	工步号	工序、工步内容	工艺装备 夹具	工艺装备 刀具	工艺装备 量具	工艺简图
1	铣削上面	1	机用平口虎钳装夹，找正工件，等高线粗加工，留 0.2~0.5mm 余量	机用平口虎钳	ϕ20mm 机夹立铣刀	游标卡尺	
		2	粗铣 ϕ80mm 和 ϕ50mm 内孔	机用平口虎钳	ϕ20mm 机夹立铣刀	游标卡尺	
		3	精加工曲面到要求尺寸	机用平口虎钳	ϕ6mm 球刀	游标卡尺	
		4	精铣 ϕ80mm 和 ϕ50mm 内孔	机用平口虎钳	ϕ6mm 球刀	内径百分表	
		5	钻 M10 螺纹底孔	机用平口虎钳	ϕ8.8mm 钻头	游标卡尺	
		6	M10 螺纹孔攻螺纹	机用平口虎钳	M10 丝锥		
2	铣削底面	1	用机用平口虎钳装夹，找正工件，精铣底面到总厚度	机用平口虎钳	ϕ20mm 机夹立铣刀	外径千分尺	

表 2-2 刀具简表

刀具号	刀具名称	型号	刀具简图
1	ϕ20mm 立铣刀	HSS 三刃 ϕ20mm 立铣刀	
2	ϕ6mm 球刀	硬质合金 2 刃刀	
3	ϕ8.8mm 钻头	HSS 麻花钻	
4	M10 丝锥	HSS 机用丝锥	

【任务实施】

分析零件图，填写零件的分析报告，完成工作单 1；分析加工工艺，制定工艺卡片，完成工作单 2。

工作单 1

任务		工艺工装分析	
姓名		同组人	
任务用时		实施地点	
任务准备	资料		
	工具		
	设备		
任务实施	步骤1		
	步骤2		
	步骤3		
	步骤4		
底座零件分析报告			
评语			

工作单 2

机械加工工艺过程卡					零件名称		底座		
毛坯种类		毛坯尺寸		毛坯材料		零件图号			
工序号	工序名称	工步号	工序、工步内容	程序号	切削用量	工艺装备		设备型号	量具
						夹具	刀具与刀号		

任务三　底座刀具路径设置

【任务描述】

根据现场工作条件，用 CAXA 制造工程师 2008 完成对底座轮廓的自动编程。

【知识准备】

一、用 CAXA 制造工程师 2008 完成对底座的自动编程

1. 将底座的".prt"文件转换为".x_t"文件

在 UG 6.0 软件中，打开底座的".prt"文件，选择"文件/导出/Parasolid"，在弹出"导出 Parasolid"对话框后，选中构图面中的底座，在"要导出的 Parasolid 版本"选项中选择"10.0- Ug 15.0"，如图 2-21a 所示；然后选择"确定"，在弹出"导出 Parasolid"对话框后，选择要保存的非中文目录，文件名为"dz.x_t"文件，然后选择"OK"，如图 2-21b 所示。

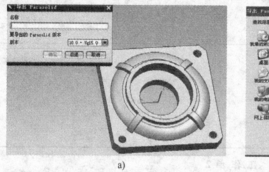
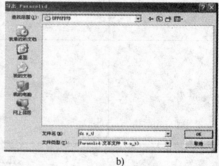

图 2-21　导出".x_t"文件

2. 用 CAXA 制造工程师 2008 软件打开"dz.x_t"文件

在 CAXA 制造工程师 2008 软件中，选择"文件/打开"，在打开文件的对话框中找到刚才保存过的文件，然后选择打开，即将底座轴文件导入到了 CAXA 制造工程师 2008 软件中。导入后如图 2-22 所示。

图 2-22　导入 CAXA 制造工程师 2008 软件

3. 定义毛坯

为方便加工，首先利用"拉伸增料"工具图标 把模型中的腔体和孔填满，在加工管理窗口，双击 工具图标，系统弹出"定义毛坯"对话框，使用"参照模型"建立毛坯，设置毛坯大小长度为140mm、宽度为140mm、高度为25mm，如图2-23a所示，选择毛坯类型，选择显示毛坯，选择"确定"，完成对毛坯的定义，如图2-23b所示。

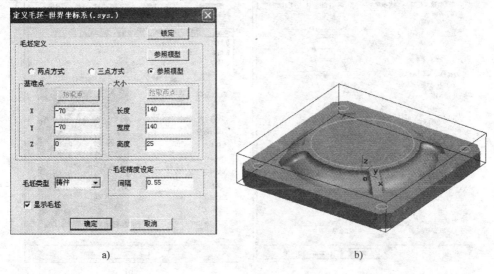

图 2-23 毛坯的建立

4. 定义刀具

在加工管理窗口，双击刀具库图标，系统弹出"刀具库管理"对话框，单击选择编辑刀具库下拉列表框，从中选择需要编辑的刀具库，可进行增加、编辑、删除刀具等操作。在"刀具库管理"对话框中单击增加刀具按钮，弹出"刀具定义"对话框，根据底座加工所需的刀具列表添加刀具，如图2-24所示。

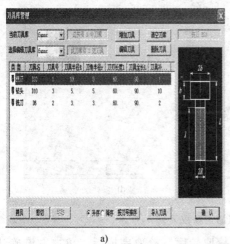
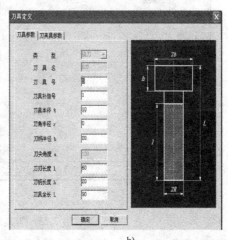

图 2-24 刀具设置

5. 等高线粗加工

使用等高线粗加工方法进行轮廓的粗加工。选择"加工/粗加工/等高线粗加工"，在弹出的"等高线粗加工"对话框中完成参数设置。参数如图2-25所示。并在公共参数选项卡中设置加工坐标系为". sys.",系统坐标系起始高度100。加工边界为使用有效的Z设定,参照毛坯。

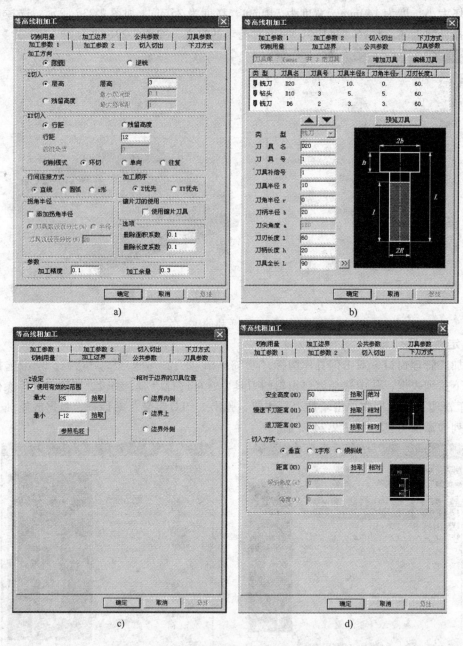

图2-25 等高线粗加工参数设置

设置完参数后,选择"确定",则系统提示拾取轮廓,拾取完成后,单击右键确认。系统开始计算加工轨迹,并提示"正在计算轨迹请稍候",计算完成后屏幕上显示生成的走刀路径,如图2-26a所示。在加工管理设计树中,选择设置好的"等高线粗加工"加工策略,单击右键选择"后置处理/生成G代码",在弹出的"选择后处理文件"对话框中选择程序保存位置后，即生成数控加工程序，如图 2-26b 所示。至此则完成对底座粗加工自动编程的操作。

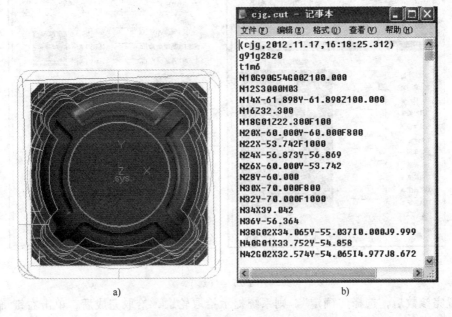

图 2-26　等高线粗加工刀路及后处理程序

6. 精加工

使用等高线精加工方法进行轮廓的精加工。选择"加工/精加工/等高线精加工"，在弹出的"等高线精加工"对话框中完成参数设置，如图 2-27 所示。

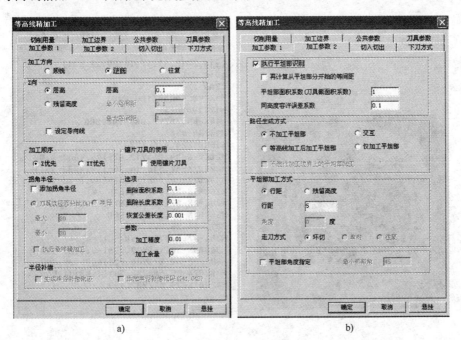

图 2-27　等高线精加工参数设置

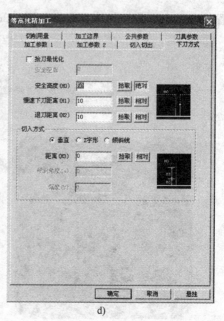

图 2-27 （续）

设置完参数后，选择"确定"，则系统提示拾取轮廓，拾取完成后，单击右键确认。系统开始计算加工轨迹，并提示"正在计算轨迹请稍候"，计算完成后屏幕上显示生成的走刀路径，如图 2-28a 所示。在加工管理设计树中，选择设置好的"等高线精加工"加工策略，单击右键选择"后置处理/生成 G 代码"，在弹出的"选择后处理文件"对话框中选择程序保存位置后，即生成数控加工程序，如图 2-28b 所示。至此则完成对底座精加工自动编程的

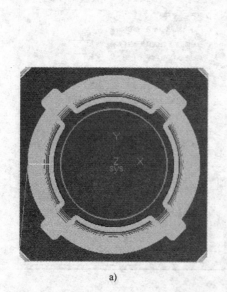

a)

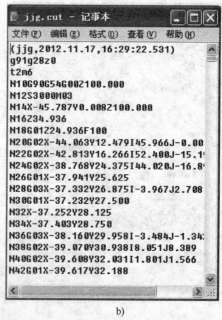

b)

图 2-28 等高线精加工刀路及后处理程序

操作。

7. 钻孔

选择"加工/其他加工/孔加工",在弹出的"孔加工"对话框中完成参数设置,如图 2-29 所示。用户自定义参数为默认值。

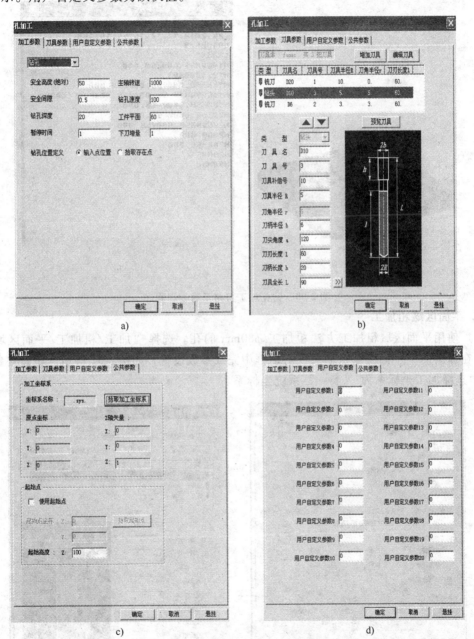

图 2-29 钻孔加工参数设置

设置完参数后,选择"确定",则系统提示拾取轮廓,拾取完成后,单击右键确认。系统开始计算加工轨迹,并提示"正在计算轨迹请稍候",计算完成后屏幕上显示生成的走刀路径,如图 2-30a 所示。在加工管理设计树中,选择设置好的"钻孔"加工策略,单击右键选择"后置处理/生成 G 代码",在弹出的"选择后处理文件"对话框中选择程序保存位置后,即生成数控加工程序,如图 2-30b 所示。至此则完成对底座所有自动编程的操作。

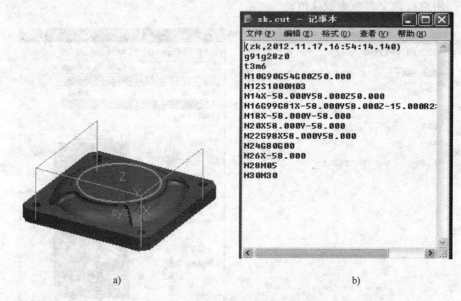

图 2-30 钻孔加工刀路及后处理程序

8. 平面区域粗加工

1)使用平面区域粗加工方法粗加工 φ80mm 的孔。选择"加工/粗加工/平面区域粗加工",在弹出的"平面区域粗加工"对话框中完成参数设置,如图 2-31 所示。在公共参数选项卡中选择加工坐标系为".sys."系统坐标系。

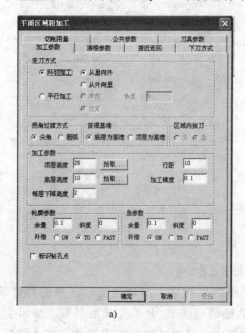
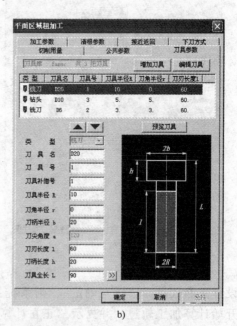

图 2-31 平面区域粗加工参数设置

c)　　　　　　　　　　　　　　　　d)

图 2-31　（续）

设置完参数后，选择"确定"，则系统提示拾取轮廓，拾取完成后，单击鼠标右键确认。系统计算完成后屏幕上显示生成的走刀路径，如图 2-32a 所示。在加工管理设计树中，选择设置好的"平面区域粗加工"加工策略，单击右键选择"后置处理/生成 G 代码"，在弹出的"选择后处理文件"对话框中选择程序保存位置后，即生成数控加工程序，如图 2-32b 所示。

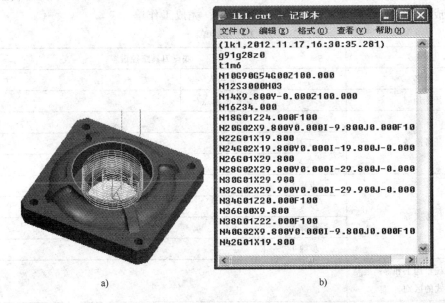

a)　　　　　　　　　　　　　　　　b)

图 2-32　平面区域粗加工 1 刀路及后处理程序

2）使用平面区域粗加工方法粗加工 $\phi50\mathrm{mm}$ 的孔，其参数设置方法和加工 $\phi80\mathrm{mm}$ 的孔方法类似。设置完参数后，选择"确定"，则系统提示拾取轮廓，拾取完成后，单击鼠标右键确认。计算完成后屏幕上显示生成的走刀路径，如图 2-33a 所示。在加工管理设计树中，选择设置好的"平面区域粗加工"加工策略，单击右键选择"后置处理/生成G代码"，在弹出的"选择后处理文件"对话框中选择程序保存位置后，即生成数控加工程序，如图2-33b所示。

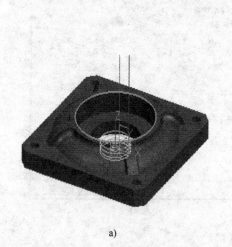
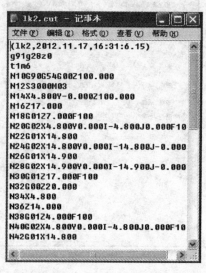

a)　　　　　　　　　　　　　　　　　　b)

图 2-33　平面区域粗加工 2 刀路及后处理程序

【任务实施】

分析"等高线粗加工、等高线精加工、平面区域粗加工"刀具路径对话框中各参数的含义；完成底座刀具路径设置，并生成数控程序；完成工作单。

工 作 单

任务		底座刀具路径设置	
姓名		同组人	
任务用时		实施地点	
任务准备	资料		
	工具		
	设备		
任务实施	步骤1		
	步骤2		
	步骤3		
	步骤4		
解释等高线粗加工和等高线精加工加工模式的区别			
解释平面区域粗加工中岛清根的作用			
评语			

任务四 底座的加工

【任务描述】

根据加工工艺方案,用 VERICUT 软件完成底座的仿真加工。仿真加工无误后,操作柔性生产线中的加工单元完成对底座的实际加工。

【知识准备】

一、底座 VERICUT 仿真加工准备

在实施本任务前应先完成如下工作:
1) 明确该零件的加工工艺过程。
2) 完成底座轮廓刀具路径的设置并生成正确的加工程序。

二、零件的仿真加工

1. 新建项目

打开 VERICUT 仿真软件,选择文件,打开,在出现的"打开项目"对话框中的捷径栏选中样本,然后选中"3_axis_mill_fanuc.vcproject"单击"打开"按钮,如图 2-34 所示。

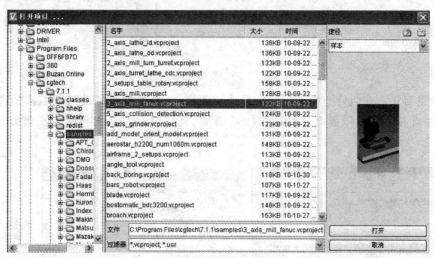

图 2-34 新建项目

2. 选择及调整毛坯

在项目树中的下拉菜单中找到"Stock"并单击它,然后选择已添加的毛坯,选择项目树上方的"配置",对方形毛坯进行尺寸及位置的编辑。根据零件图设定毛坯尺寸为长 140mm,宽 140mm,高 25mm。单击"配置模型"对话框中的移动、组合等选项卡,将毛坯移动到正确位置。如图 2-35 所示,用机用平口虎钳夹住毛坯高度方向 20mm 部分,当毛坯在夹具中间时,X、Y 坐标分别为 0。

3. 添加刀具

1) 新建铣刀。在设计树中双击"加工刀具",进入"刀具管理器"对话框,如图 2-36

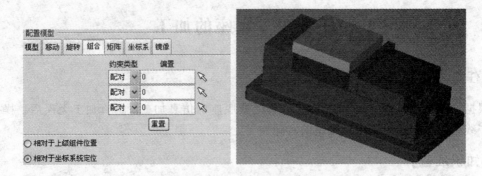

图 2-35　选择及调整毛坯

所示。将现有刀具删除，然后选择"添加/刀具/新/铣削"，进入"刀具 ID"对话框。在该对话框中设置刀具直径为 20，高为 60，刃长为 50，刀杆直径为 20。

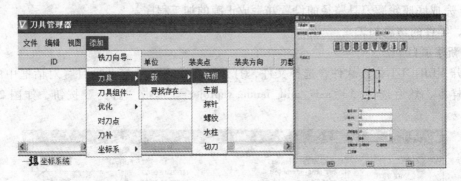

图 2-36　新建刀具

2）新建刀夹。在组件类型选项卡中选择"刀夹"，然后选择"旋转面编辑模式"，在编辑界面中编辑刀夹的旋转截面，然后选择"添加"，完成对刀夹的新建，步骤如图 2-37 所示。

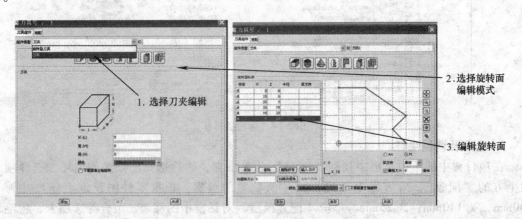

图 2-37　新建刀夹

3）刀具、刀夹装配。如图 2-38 所示，在刀夹编辑模式下，选择"装配"项，然后将刀夹往上移动 60（刀杆长 60），则刀杆刚好安装在刀夹的下表面中心。

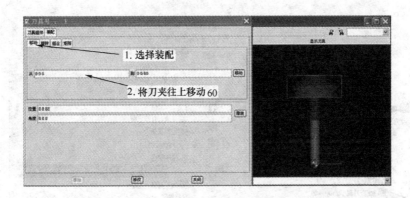

图 2-38 刀具、刀夹装配

4）选择装夹点。如图 2-39 所示，在"刀具管理器：刀具 .tls"对话框中，选择刚才新建好的刀具 1，选中刀具 1 对应的装夹点方框，然后用鼠标选择装夹点位置（刀夹上表面中心），将刀具文件保存。

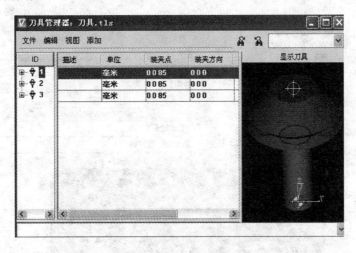

图 2-39 选择装夹点

4. G 代码偏置

在项目树中选择"G 代码偏置"，在下方偏置名中选择"程序零点"，然后选择"添加"。在"配置程序零点"对话框中选择"选择从/到定位"，再选择从组件"Tool"到组件"Stock"，然后选择"Stock"中调整位置后的箭头，再选择工件上的程序零点，操作步骤如图 2-40 所示。

5. 添加数控程序

选择项目树中的数控程序，单击右键选择添加数控程序文件，在出现的数控程序选项卡中，过滤器设置为所有文件，找到底座加工所用的加工程序，双击所用程序后再选择"确定"，如图 2-41 所示。

6. 仿真加工

选择"重置模型"工具图标，出现重置 VERICUT 切削模型选项卡，选择"确定"。单击"模仿到末端"工具图标，工位 1 仿真加工完毕；单击"模仿到末端"工具图标，

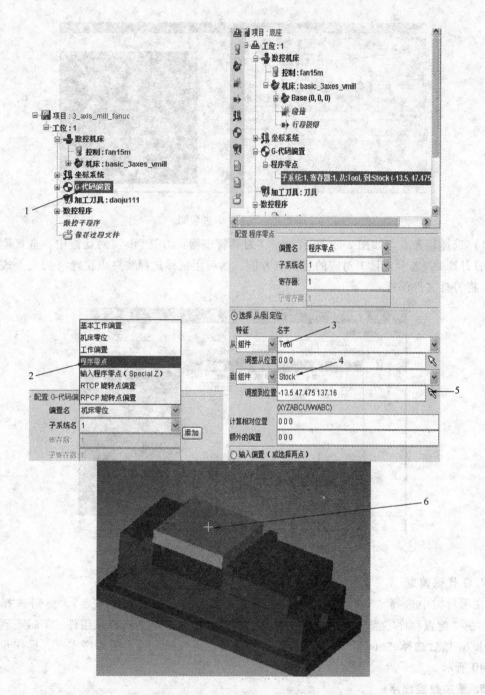

图 2-40 G 代码偏置

工位 2 仿真加工完毕；单击"模仿到末端"工具图标，工位 n 仿真加工完毕，如图 2-42 所示。

三、仿真加工项目保存

1. 保存项目

选择"文件/另存项目为"，则出现"另存项目为"对话框，选择保存位置和项目名称，

项目二 底座的数控加工

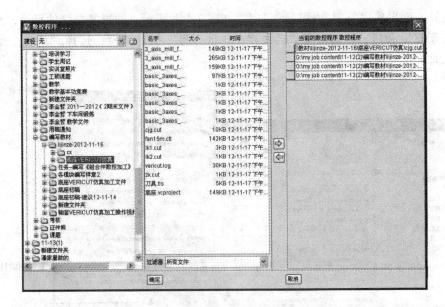

图 2-41 添加数控程序文件

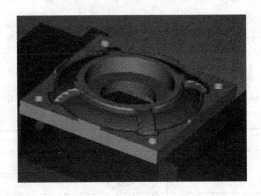

图 2-42 底座仿真加工结果

单击"保存"按钮，则出现一个".vcproject"的文件，此文件就为整个项目的项目文件，如图 2-43 所示。

图 2-43 另存项目

2. 文件汇总

选择"信息/文件汇总"，则出现"文件汇总"对话框，如图 2-44a 所示，选择复制所有文件工具,则出现"复制文件"对话框,如图 2-44b 所示,选择复制到的目录,然后再单击"设置所有"和拷贝,则出现"已经存在,重写吗"的对话框,选择"所有全是"则完成文件汇总。

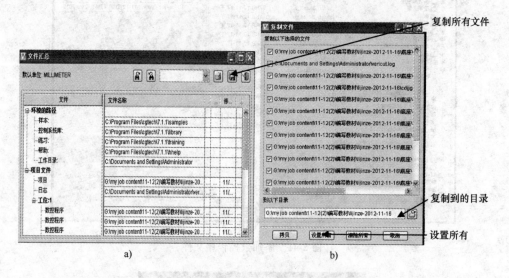

图 2-44 文件汇总

【任务实施】

用 VERICUT 数控仿真软件完成零件的仿真加工,并完成工作单。

工 作 单

任务		底座的加工	
姓名		同组人	
任务用时		实施地点	
任务准备	资料		
	工具		
	设备		
任务实施	步骤 1		
	步骤 2		
	步骤 3		
	步骤 4		
VERICUT 的仿真项目文件中机床、系统、刀具、附件各用什么文件保存			
简述在 VERICUT 仿真软件中如何创建平底铣刀			

(续)

任务	底座的加工
简述在 VERICUT 仿真软件中如何对刀	
零件在实际加工中用到的毛坯、工、量、夹具及附件	
描述实际机床的对刀过程	
总结实际加工中的注意事项	
分析、总结实际加工零件的尺寸	
评语	

项目三 凸轮轴的数控加工

该项目要求用 UG 6.0 软件完成凸轮轴的造型;手工编制零件的车削程序;用 CAXA 制造工程师 2008 软件完成凸轮轮廓刀路的设置;用 VERICUT 仿真软件完成零件的仿真加工。通过对该项目的学习,巩固和掌握数控加工工艺、数控编程、CAD/CAM、仿真加工等相关知识。

任务一 凸轮轴的建模

【任务描述】

根据零件图,应用 UG 6.0 软件,完成凸轮轴零件的建模,如图 3-1 所示。

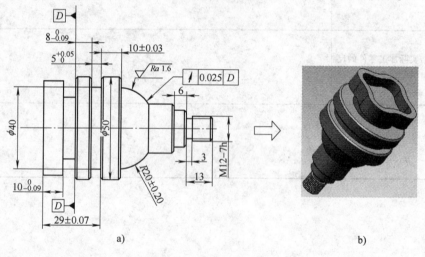

图 3-1 凸轮轴零件

【知识准备】

一、绘制凸轮轴主体草图

1. 构建草图构图面

选择特征工具条中的草图工具图标 ，在弹出"创建草图"的对话框后,选择绘图区域中的"YZ"基准面,然后选择"创建草图"对话框中的"确定"按钮,即构建了在 YZ 平面上的构图面,如图 3-2 所示。

2. 绘制直线

选择草图工具条中的"配置文件"工具图标 ,然后在弹出的"配置文件"对话框中选择"对象类型"为直线,"输出模式"为参数设置,如图 3-3 所示。

首先在绘图区域中选择原点，分别输入长度为15mm，角度为90°；长度为6mm，角度为0°；长度为10mm，角度为90°；长度为8mm，角度为0°；长度为5mm，角度为-90°；长度为5mm，角度为0°；长度为5mm，角度为90°；长度为10mm，角度为0°；长度为10mm，角度为-90°。结果如图3-4所示。

3. 绘制圆弧

1) 在草图工具条中选择"直线"工具图标 ![直线], 选择原点，输入长度为74.7mm、角度为0°的水平线。

图3-2 构建YZ草图构图面

2) 在草图工具条中选择"偏置曲线"工具图标 ![], 弹出"偏置曲线"对话框，如图3-5a所示，选择上一步生成的直线，即图3-5b中的直线1，在"偏置曲线"对话框中输入长度为12mm，选择反向，选择"确定"，结果如图3-5b所示。

图3-3 配置文件对话框

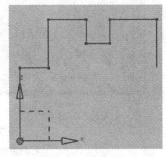

图3-4 绘制直线1

a)

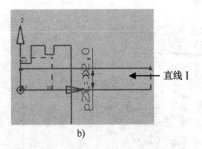
b)

图3-5 偏置曲线
a) 偏置曲线对话框　b) 偏置曲线结果

3) 在草图工具条中选择"圆弧"工具图标 ![圆弧], 在弹出"圆弧"对话框后选择"三点定圆弧"工具, 在图3-6所示位置绘制任意圆弧。

4）选择草图工具条中"自动判断的尺寸"工具图标，选择上步所绘圆弧，输入半径为20mm，结果如图3-7所示。

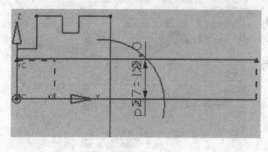

图3-6 绘制圆弧结果

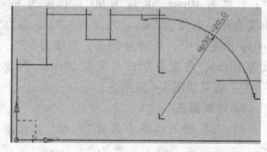

图3-7 添加半径尺寸约束

5）选择草图工具条中的"约束"工具图标，先选择圆弧的圆心，然后选择X轴上的水平线，则系统自动弹出"约束"对话框，如图3-8a所示，选择第三个"点在曲线上"的约束，则系统自动调整圆弧位置，使其圆心在X轴线上，结果如图3-8b所示。

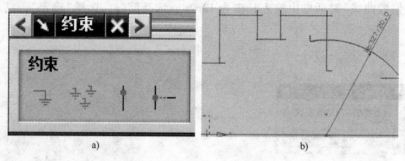

图3-8 添加圆弧位置约束
a）约束对话框　b）添加点在曲线上约束

6）如上所述，选择"自动判断的尺寸"工具图标，然后选择圆弧圆心和图3-9所示直线1，给其添加一个水平距离为8mm的尺寸约束，结果如图3-9所示。

7）选择草图工具条中的"快速修剪"工具图标，对多余的直线和曲线进行裁剪，结果如图3-10所示。

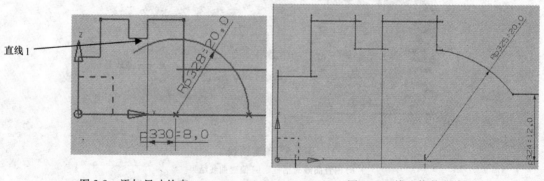

图3-9 添加尺寸约束　　　　　　　图3-10 快速修剪曲线

8）在草图工具条中选择"自动判断的尺寸"工具图标，选择图3-11中所示的直线1和直线2的右端点，在弹出的"尺寸"对话框中输入距离为36.7mm，结果如图3-11所示。

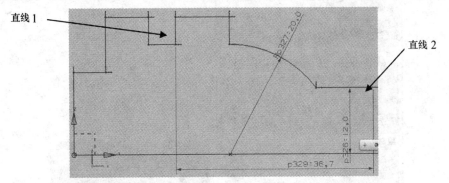

图3-11　添加尺寸约束

4. 绘制草图其他图素

选择配置文件工具中的"直线"工具图标，然后选择图3-11中的直线2的右侧端点为起点，然后输入长度为3mm，角度为-90°；输入长度为6mm，角度为0°；输入长度为4.5mm，角度为-90°；输入长度为3mm，角度为0°；输入长度为1.5mm，角度为90°；输入长度为10mm，角度为0°；输入长度为6mm，角度为-90°。最后绘制出如图3-12所示的凸轮轴主体草图。

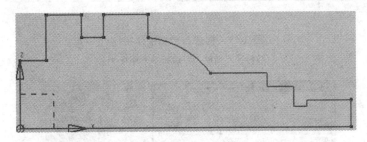

图3-12　凸轮轴主体草图

二、创建凸轮轴主体特征

选择草图生成器工具条中的"完成草图"工具图标，完成草图的绘制，然后选择特征工具条中的"回转"工具图标，在弹出的"回转"对话框中，"截面"选择之前所绘制的"凸轮轴主体草图"，"指定矢量"选择Z轴，"指定点"选择原点，"角度"输入360°，如图3-13a所示，选择"确定"后结果如图3-13b所示。

三、创建倒角

在特征操作工具条中选择"倒斜角"工具，在"倒斜角"对话框中"横截面"选择对称，距离输入为1mm，如图3-14a所示，然后选择需要倒角的棱边，选择"确定"，完成凸轮轴主体的倒角，如图3-14b所示。

四、创建螺纹特征

选择特征操作工具条中的"螺纹"工具图标，在弹出的"螺纹"对话框中先选择"螺纹类型"为详细，然后选择φ12mm的圆柱，输入"小径"为11mm，"长度"为10mm，"螺距"为1mm，如图3-15a所示，单击"确定"后，结果如图3-15b所示。

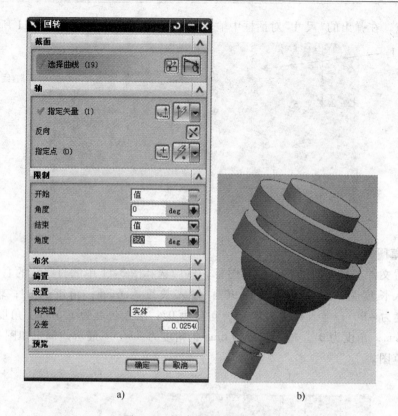

图 3-13 构建凸轮轴主体特征
a)回转对话框 b)凸轮轴主体特征

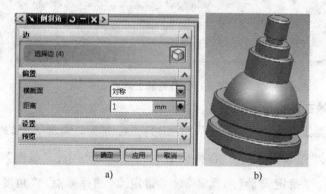

图 3-14 倒斜角
a)倒斜角对话框 b)倒角结果

五、绘制凸轮轮廓草图

1. 创建草图面

选择特征工具条中的"草图"工具,弹出"创建草图"对话框后,选择图 3-16 中所示的端面 1,完成对草图面的创建。

2. 绘制圆弧

如图 3-17 所示,在 Y、Z 两轴上画出任意两个圆弧,圆弧 1 和圆弧 2,然后添加尺寸约束,半径约束均为 10mm。然后为圆弧 1 添加位置约束,使其圆心在 Y 轴上,圆心距离 Z 轴

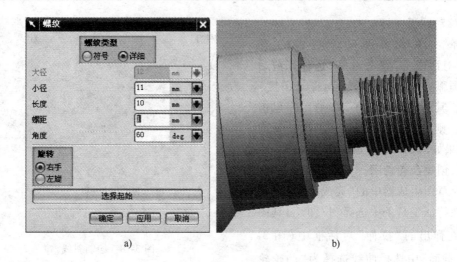

图 3-15 创建螺纹
a) 螺纹对话框　b) 螺纹结果

的距离为 13mm；为圆弧 2 添加位置约束，使其圆心在 Z 轴上，圆心距离 Y 轴的距离为 13mm。

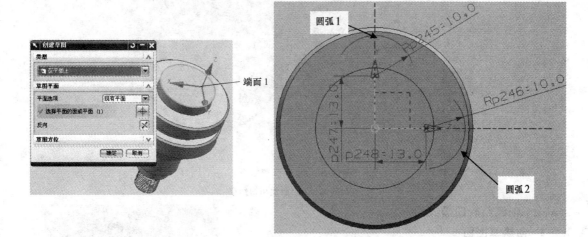

图 3-16 创建草图面　　　　　图 3-17 绘制圆弧

3. 绘制斜线

如图 3-18 所示，以原点为起点，绘制长度为 25mm、角度为 135°的斜线 1，然后选择草图工具中的"派生直线"工具图标，将斜线 1 往右上方偏置 18mm，生成斜线 2。

4. 绘制圆弧 3

首先在凸轮外侧绘制任意圆弧 3，如图 3-19a 所示，然后给圆弧 3 添加约束，使其分别与圆弧 1、圆弧 2、斜线 2 三个图素相切，如图 3-19b 所示。

5. 修剪圆弧

选择草图工具条中的"快速修剪"、"制作拐角"等工具图标，然后删除斜线，对圆弧进行修剪，保留 Y、Z 轴之间的圆弧，结果如图 3-20 所示。

6. 移动圆弧

选择"菜单/编辑/移动对象",在"移动对象"对话框中"移动对象"选择修剪后的三段圆弧,"轴点"选择圆心,"角度"为360°,其他参数如图3-21a所示,单击"确定",则将三段圆弧旋转了三次,每次90°,结果如图3-21b所示。

六、创建凸轮轮廓

选择草图生成器中的"完成草图"工具图标,在特征工具条中选择"拉伸"工具图标,在弹出的"拉伸"对话框中(图3-22a),"截面"中选择曲线选择为"凸轮轮廓草图曲线",在限制项中的距离中输入10,"反向"为X轴负方向,单击"确定"后生成凸轮特征,如图3-22b所示。

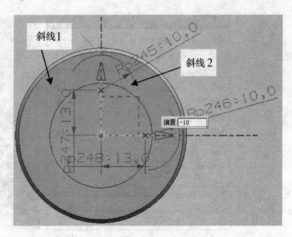

图3-18 绘制斜线

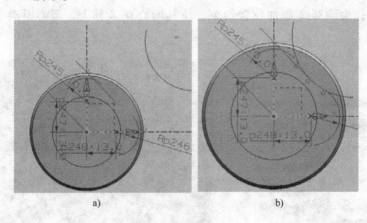

图3-19 绘制圆弧3
a) 绘制圆弧3 b) 添加相切约束

七、创建凸轮凹槽

1. 创建草图面

选择特征工具条中的"草图"工具图标,弹出"创建草图"对话框后,选择如图3-23所示的端面1,完成对草图面的创建。

2. 投影曲线

选择草图工具中的"投影曲线"工具图标,然后选择凸轮轮廓草图,选择"确定",即将凸轮轮廓曲线投影至新的草图面中,如图3-24所示。

3. 偏置曲线

选择草图工具中的"偏置曲线"工具图标,选择上一步生成的曲线,将其向内侧偏置4mm,如图3-25a所示,然后删除原曲线,结果如图3-

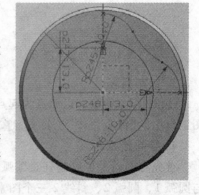

图3-20 修剪圆弧

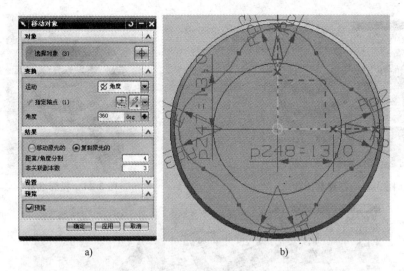

图 3-21 移动圆弧
a) 移动对象对话框 b) 移动圆弧结果

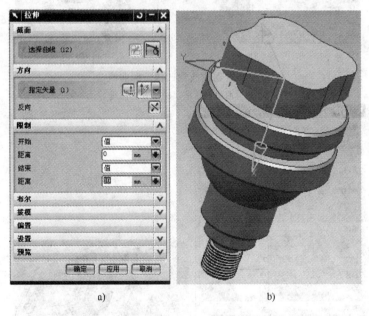

图 3-22 创建凸轮轮廓
a) 拉伸对话框 b) 拉伸特征结果

25b 所示。

4. 创建凹槽特征

如上所述，选择草图生成器中的"完成草图"工具图标，在特征工具条中选择"拉伸"工具图标，在弹出的"拉伸"对话框框中，"截面"中选择曲线选择为"凸轮凹槽轮廓草图曲线"，"限制中距离"为 7mm，"方向"为 X 轴正方向，"布尔"选择"求差"，选择"确定"后生成凸轮凹槽特征，隐藏不需要的图素后得到如图 3-26b 所示的凸轮轴。至此完成了对凸轮轴的造型过程。

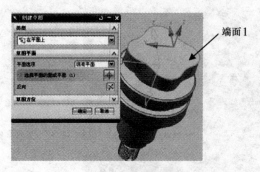

图 3-23　创建草图面　　　　　　　　　图 3-24　投影曲线

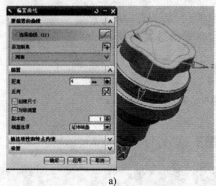

a)　　　　　　　　　　　　　　b)

图 3-25　创建凸轮凹槽轮廓曲线

a) 偏置曲线对话框　b) 偏置后曲线

a)　　　　　　　　　　　　　　b)

图 3-26　创建凸轮凹槽特征

a) 拉伸对话框　b) 凸轮轴

【任务实施】

根据零件图，应用 UG 6.0 软件完成对凸轮轴零件的建模，同时完成工作单。

工 作 单

任务		完成凸轮轴建模
姓名		同组人	
任务用时		实施地点	
任务准备	资料	
	工具	
	设备	
任务实施	步骤1	
	步骤2	
	步骤3	
	步骤4	
写出完成凸轮轴建模过程中使用到的工具		
描述凸轮轴的建模过程		
通过对该零件建模，对软件及建模技巧有哪些体会		
评语		

任务二 凸轮轴工艺工装分析

【任务描述】

分析凸轮轴的加工工艺，完成凸轮轴加工工艺卡片。

【知识准备】

一、零件图分析（图3-27）

1. 零件主要特征

该零件属于车铣复合零件，毛坯为 $\phi55\,mm \times 90\,mm$（45钢），主要特征有：

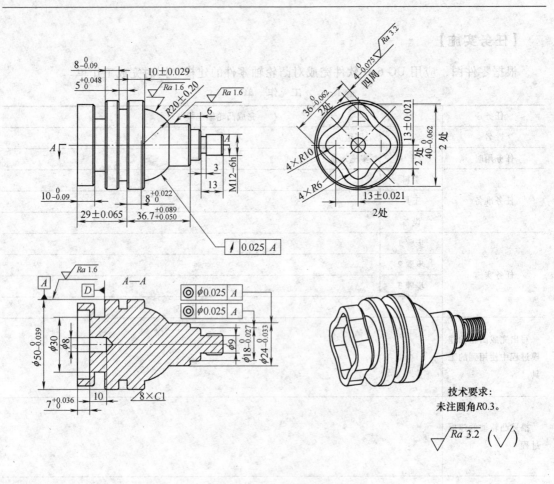

图 3-27 凸轮轴零件图

1) M12mm、φ18mm、φ24mm、φ50mm 外圆。
2) R20mm 球面。
3) φ40mm×5mm 槽、φ30mm×6mm 槽、3mm×1mm 槽。
4) M12-6h 螺纹。
5) 凸轮轮廓对称，圆弧尺寸有 R10mm；位置尺寸有 13mm、36mm、46mm。
6) φ8mm×10mm 的孔。

2. 重点尺寸

1) 螺纹尺寸——影响装配精度。
2) 凸轮尺寸——影响运动精度。
3) 同轴度——影响装配精度。

二、加工工艺分析

1. 零件装夹的重点、难点

该零件属于车铣复合零件，加工部分为凸轮轮廓、螺纹、外圆等，若在加工时直接铣削完凸轮轮廓部分，则将导致无法在自定心卡盘上装夹，进而影响螺纹等的车削加工，如图3-28a 所示；若在零件加工时直接车削完凸轮螺纹端外圆、圆弧、螺纹等，则将导致无法在平口钳上装夹，进而影响凸轮轮廓的铣削加工，如图3-28b 所示。

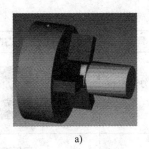
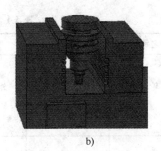

a)   b)

图 3-28 不合理装夹

2. 零件的装夹方案

1）方案 1：V 型块辅助装夹。先车削完零件凸轮端的外圆及槽，然后调头车削零件螺纹端的外圆、圆弧、螺纹等，最后在机用平口虎钳上完成零件的铣削加工，同时借助 V 型块辅助装夹，如图 3-29 所示。

图 3-29 V 型块辅助装夹方案

2）方案 2：铣削装夹面。先车削完零件凸轮端的外圆及槽、再在螺纹端铣削两个平面用于辅助装夹；然后利用两个辅助平面在机用平口虎钳上装夹以完成对凸轮轮廓的铣削；最后用车床上的自定心卡盘装夹凸轮端已加工外圆，完成对螺纹端外圆、圆弧、螺纹等的加工，如图 3-30 所示。

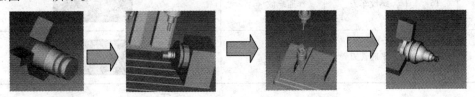

图 3-30 铣削"装夹面"方案

3. 加工注意事项

1）在车螺纹时由于装夹面小，应尽量使用顶尖。
2）零件调头装夹或换工位时，应进行找正，以保证同轴度、垂直度等的精度要求。
3）在钻中心孔时，应先完成端面车削。
4）零件应分粗、精加工，以保证加工精度。
5）铣削刀路设置时，设置"圆弧切入切出"、"螺旋下刀"等方式，以保证加工精度及质量。

三、工艺工装制定

1）夹具及附件。机用平口虎钳、V 形块、自定心夹盘。
2）工艺简表(表 3-1)。

表 3-1　工艺简表

工序号	工序名称	夹具	刀具	工序简图
1	车削凸轮端外圆及切槽	自定心夹盘	外圆车刀、车槽刀	
2	车削螺纹端外圆、球面、槽、螺纹等	自定心夹盘	外圆车刀、车槽刀、螺纹车刀	
3	铣削凸轮内外轮廓	机用平口虎钳、V形块	ϕ10mm 平底铣刀	

3. 刀具简表（表 3-2）。

表 3-2　刀具简表

序号	刀具号	刀具名称	型号	刀具简图
1	T1	外圆车刀	主偏角 93°，刀尖圆弧半径 R0.4	
2	T5	车槽刀	刀宽 4mm	
3	T6	螺纹车刀	普通螺纹	
4	T7	平底铣刀	ϕ10mm	

【任务实施】

分析零件图，填写零件的分析报告，完成工作单 1；分析加工工艺，制定工艺卡片，完成工作单 2。

工 作 单 1

任务		工艺工装分析	
姓名		同组人	
任务用时		实施地点	
任务准备	资料		
	工具		
	设备		

(续)

任务	工艺工装分析	
任务实施	步骤1	
	步骤2	
	步骤3	
	步骤4	
凸轮轴零件加工工艺分析报告		
评语		

工 作 单 2

任务			工艺工装分析							
机械加工工艺过程卡					零件名称		凸轮轴			
毛坯种类		毛坯尺寸		毛坯材料		零件图号				
工序号	工序名称	工步号	工序、工步内容	程序号	切削用量	工艺装备				量具
						夹具	刀具与刀号	设备型号		

任务三　凸轮轴车削程序编制

【任务描述】

根据工艺卡片及加工情境，完成对凸轮轴车削程序的编制。

一、凸轮端车削程序（表3-3）

二、螺纹端车削程序（表3-4）

表 3-3　凸轮轴凸轮端车削程序

序号	程序	作用	备注
N10	O1	程序号	完成凸轮端外圆及槽的加工
N20	G90G95M43	绝对编程，转速选中挡	
N30	M03S800	主轴正转，转速为800r/mim	
N40	T0101	调一号刀	外圆车刀
N50	G00X57Z2	快速移动到X57, Z2	
N60	G71U1R1P70Q120X1F0.2	粗加工循环，起始行为N70，结束行为N120，进给量为0.2mm/r	
N70	G00X42S1000F0.1G42	刀具快速移动到X42，转速为1000 r/mim，进给为0.1mm/r，设置右刀补	
N80	G01X47Z-0.5	刀具直线插补到X47	
N90	Z-9	车削长度9mm	
N100	X50C1	车50mm外圆并倒角C1	
N110	Z-40	车削长度40mm	
N120	X57	循环终止行，X方向退刀至X57	
N130	G00X100	快速退刀到X100	
N140	G40G0X200Z200	取消刀补，快速移动到退刀点X200, Z200	
N150	M05	主轴停	
N160	T0505	调五号刀	车槽刀，刀宽4mm
N170	M03S400	主轴正转，转速400r/mim	
N180	G00X52Z2	快速移动到X52, Z2	
N190	Z-16	快速移动到Z-16位置	
N200	G01X30F0.1	X方向车削至X30，进给为0.1mm/r	
N210	G00X52	退刀至X52	
N220	Z-14	退刀至Z-14	
N230	G01X30F0.1	X方向车削至X30，进给为0.1 mm/r	
N240	G00X52	退刀至X52	
N250	Z-29	退刀至Z-29	
N260	G01X40F0.1	X方向车削至X40，进给为0.1 mm/r	
N270	G00X52	退刀至X52	
N280	Z-28	退刀至Z-28	
N290	G01X40	X方向车削至X40，进给为0.1 mm/r	
N300	G00X100	退刀至X100	
N310	Z200	退刀至Z200	
N320	M5	主轴停	
N330	M30	程序停止并返回程序头	

表 3-4 凸轮轴螺纹端车削程序

序号	程序	作用	备注
N10	O2	程序号	车削螺纹端外圆、槽、球面、螺纹等
N20	G90G95M43	绝对编程，转速选中挡	
N30	M03S800	主轴正转，转速为800r/min	
N40	T0101	调一号刀	外圆车刀
N50	G00X57Z2	快速移动到X57，Z2	
N60	G71U1R1P70Q170X1F0.2	粗加工循环，起始行为N70，结束行为N170，进给量为0.2mm/r	
N70	G00X6S1000F0.1G42	刀具快速移动到X6，转速为1000 r/mim，进给为0.1 mm/r，设置右刀补	
N80	G01X11.8Z-1	车削螺纹外圆起始点	
N90	Z-13	车螺纹外圆长13mm	
N100	X17.99C0.5	车ϕ18mm外圆并倒角C0.5	
N110	Z-19	车ϕ18mm外圆至Z-19	
N120	X23.99C0.5	车ϕ24mm外圆并倒角C0.5	
N130	Z-31.7	车ϕ24mm外圆至Z-31.7	
N140	G03X40Z-45.7R20	车R20mm圆弧，圆弧终止点为X40，Z-45.7	
N150	G01X49.99C1	车ϕ50mm外圆并倒角C1	
N160	Z-74.7	车ϕ50mm外圆至Z-74.7	
N170	X57	循环终止行，X方向退刀至X57	
N180	G00X100	快速定位到X100	
N190	G40G0X200Z200	取消刀补，快速移动到X200，Z200	
N200	M05	主轴停	
N210	M03S500	主轴正转，转速为500r/min	
N220	T0505	调五号刀	车槽刀，刀宽4mm
N230	G00X57Z2	快速移动到X57，Z2	
N240	X20	快速移动到X20	
N250	Z-13	快速移动到Z-13位置	
N260	G01X9F0.1	X方向车削至X9进给量为0.1mm/r	车槽
N270	X20	退刀至X20	
N280	G00X57	X方向快速退刀至X57	
N290	G00X200Z200	快速返回换刀点	
N300	M03S800	主轴正转，转速为800r/min	
N310	T0606	调六号刀	螺纹车刀
N320	G00X20Z5	快速移动到X20，Z5	

(续)

序号	程序	作用	备注
N330	G76P010020R0.5		车削螺纹
N340	G76X10.2Z-9.5P1000Q500F1.75		车削螺纹
N350	G00X200Z200	快速返回换刀点	
N360	M05	主轴停	
N370	M30	程序停并返回程序头	

【任务实施】

独立编写零件的车削程序,用数控仿真软件完成零件的车削仿真加工,完成工作单。

工 作 单

任务		凸轮轴数控车削程序编制	
姓名		同组人	
任务用时		实施地点	
任务准备	资料		
	工具		
	设备		
任务实施	步骤1		
	步骤2		
	步骤3		
	步骤4		
解读零件的数控车削程序			
零件中螺纹的切深是如何确定及分配的			
写出 G71、G76 的格式及各字母的定义			
简述零件数控车削的对刀过程			
评语			

任务四 凸轮轮廓刀具路径设置

【任务描述】

凸轮轴凸轮轮廓如图 3-31 所示,该凸轮有内、外两个轮廓,在进行该任务时凸轮外轮廓已车削成 φ47mm 的外圆。本任务就是要根据加工工艺卡片,用 CAXA 制造工程师 2008 软件完成对该凸轮内、外轮廓铣削刀具路径的设置,并生成数控程序。

图 3-31 凸轮轴凸轮轮廓

【知识准备】

一、生成凸轮轮廓

1. 将凸轮轴的".prt"文件转换为"x_t"文件

在 UG 6.0 软件中,打开凸轮轴的".prt"文件,选择"文件/导出/Parasolid",在弹出"导出 Parasolid"对话框中,选中构图面中的凸轮轴,在要导出的 Parasolid 版本选项中选择"18.0-Nx5.0",如图 3-32a 所示,然后选择"确定"。在弹出"导出 Parasolid"对话框中,选择要保存的非中文目录,文件名为"tlz.x_t"文件,然后选择"OK",如图 3-32b 所示。

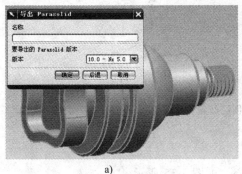
a)

b)

图 3-32 导出"x_t"文件

2. 用 CAXA 制造工程师 2008 软件打开"tlz.x_t"文件

在 CAXA 制造工程师 2008 软件中,选择"文件/打开",在"打开文件"对话框中找到刚才保存过的文件,然后选择"打开",即将凸轮轴文件导入到了 CAXA 制造工程师 2008 软件中。如图 3-33 所示,+Z 轴垂直于零件轴线,指向凸轮径向。

3. 生成凸轮轮廓曲线

选择"曲线生成栏"中的相关线工具图标,在左侧选项框中选择"实体边界",然后选择凸轮端面的内、外轮廓边界,选择完后则生成端面曲线,如图 3-34a 所示,然后删除凸轮轴实体特征后结果如图 3-34b 所示。

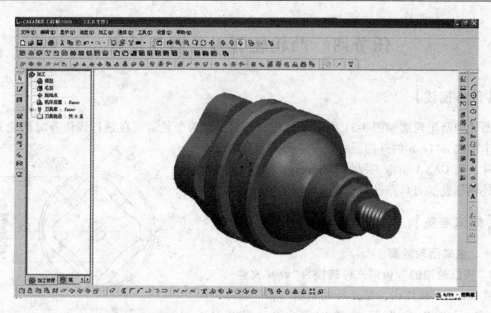

图 3-33 导入制造工程师软件

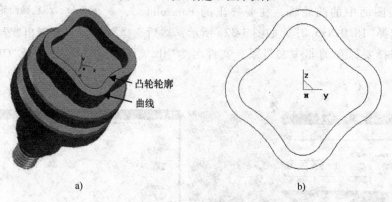

图 3-34 创建凸轮轮廓

二、创建工作坐标系
1. 创建"加工坐标系"辅助线
绘制两条直线,连接凸轮对角圆弧的圆心,如图 3-35 所示。
2. 新建加工坐标系
选择坐标系工具栏中的"创建坐标系"工具图标,选择左侧选项栏中的"两相交直线",选择水平线右侧为 X 轴正方向,竖直线上侧为 Y 轴正方向,然后按系统提示输入新建坐标系名称"jgzbx",确认后完成新坐标系的新建(该坐标系 Z 轴垂直于凸轮轮廓平面),最后隐藏坐标系辅助线及系统坐标系,结果如图 3-36 所示。

选择"曲线组合"工具图标,分别选择内、外环曲线,将其各自组合成一条封闭曲线。至此完成对凸轮轮廓曲线的新建。

三、凸轮轮廓刀具路径设置
1. 内轮廓刀具路径设置
1)在工具栏菜单中选择"加工/精加工/平面轮廓精加工",如图 3-37 所示。

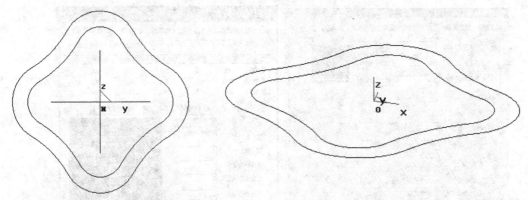

图 3-35 创建加工坐标系辅助线　　　　图 3-36 新建加工坐标系

2）如图 3-38 所示，设置"平面轮廓精加工"选项卡中的加工参数。根据图样设置加工参数如图 3-32 所示。

3）"平面轮廓精加工"选项卡参数设置完后，选择"确定"，系统会提示拾取轮廓和加工方向。选择内轮廓，并拾取串联方向，则系统会提示选择箭头方向（加工部位），如图 3-39a 所示选择指向内部的箭头，然后连续单击 3 次右键进行确认，即生成内轮廓铣削的刀具路径，如图 3-39b 所示。

2. 外轮廓刀具路径设置

1）外轮廓刀具路径设置与内轮廓刀具路径设置基本相似，参数设置如图 3-40 所示。平底铣刀的刀具半径小于最小圆弧半径，接近方式和返回方式采用圆弧切

图 3-37 选择加工方式

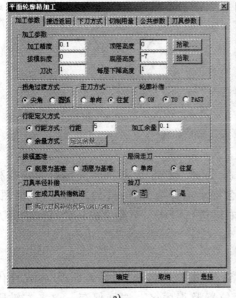
a)

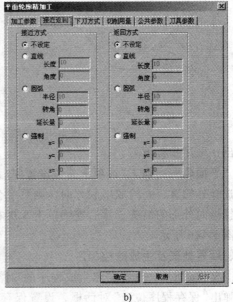
b)

图 3-38 内轮廓刀具路径设置参数

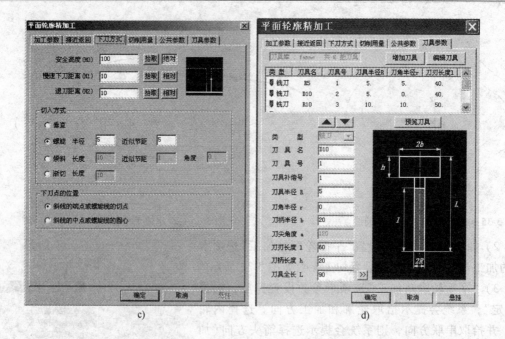

图 3-38 （续）

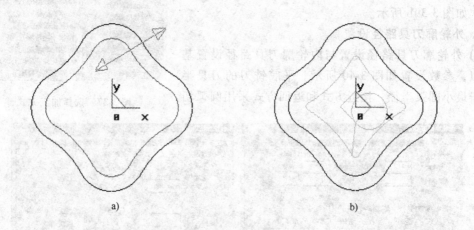

图 3-39 内轮廓刀具路径设置

入、切出；采用垂直下刀。

2)"平面轮廓精加工"选项卡参数设置完后，选择"确定"，系统会提示拾取轮廓和加工方向。选择外轮廓，并拾取串联方向，则系统会提示选择箭头方向（加工部位），如图 3-41a 所示选择指向外部的箭头，然后连续单击 3 次右键进行确认。至此生成外轮廓铣削的刀具路径，如图 3-41b 所示。

四、后置处理及生成数控程序

如图 3-42a 所示，选择需要生成程序的刀路，单击右键，选择"后置处理/生成 G 代码"，则系统弹出"保存程序位置"对话框，设置保存位置及程序名，选择保存。单击右键则生成数控程序，如图 3-42b 所示。

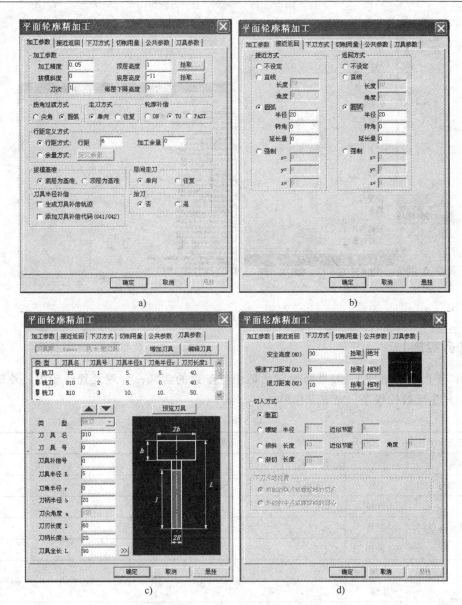

图 3-40 外轮廓刀具路径设置参数

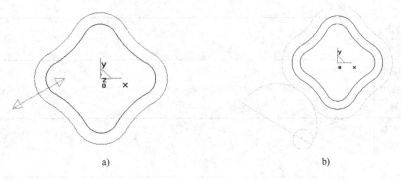

图 3-41 外轮廓刀具路径设置

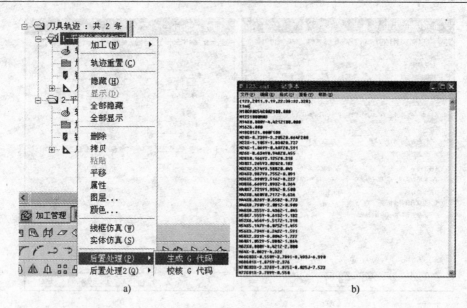

图 3-42 生成数控程序

【任务实施】

分析"平面轮廓精加工"刀具路径对话框中各参数的含义；合理设置凸轮内、外轮廓刀具路径，并生成数控程序；完成工作单。

工 作 单

任务		凸轮轮廓刀具路径设置
姓名		同组人	
任务用时		实施地点	
任务准备	资料	
	工具	
	设备	
任务实施	步骤1	
	步骤2	
	步骤3	
	步骤4	
解释刀次、行距、加工余量的含义		
解释轮廓补偿中 ON、TO、PAST 三个参数的含义及区别		
总结"平面轮廓精加工"刀路设置注意事项		
评语		

任务五　凸轮轴的加工

【任务描述】

根据加工工艺方案，用 VERICUT 软件完成凸轮轴的仿真加工。

【知识准备】

一、凸轮轴 VERICUT 仿真加工准备

在进行该任务时应先完成如下工作：
1) 明确该零件的加工工艺过程。
2) 完成零件数控车削程序的编制。
3) 完成凸轮轮廓刀具路径的设置并生成正确的加工程序。
4) 新建文件夹，将仿真加工所需的机床文件、附件(STL)文件、系统文件、刀具文件及凸轮轴的程序文件等全部放在该文件夹中。本任务取用的文件名为"凸轮轴的 VERICUT 仿真加工"，如图 3-43 所示。

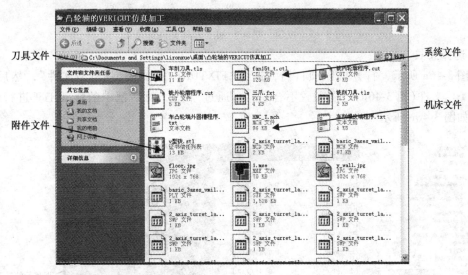

图 3-43　仿真加工文件夹

二、零件的仿真车削加工

1. 新建项目

双击桌面图标■，打开 VERICUT 仿真软件，选择"文件/新建项目"，出现新的 VERI-CUT 项目选项卡，选择毫米，同时选择工作目录为已存仿真加工资料的文件夹，即"凸轮轴 VERICUT 仿真加工"文件夹，如图 3-44 所示。

2. 选择控制、机床及加工刀具文件

如图 3-45a 所示，在项目树中选择"控制/打开"，然后选择数控车床控制系统"fan15t_t.ctl"文件(图 3-45b)。用同样的方法完成对数控车床"HNC_T.mch"文件的选择，完成对数控车刀"车削刀具.tls"文件的选择，如图 3-45c。

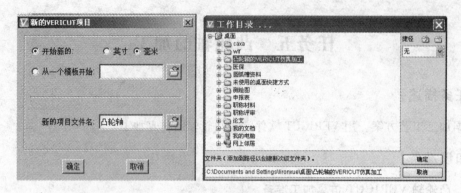

图 3-44 新建项目

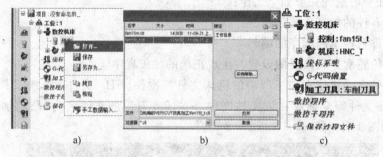

图 3-45 控制、机床及加工刀具文件选择

3. 选择夹具

如图 3-46a 所示,打开机床项目树,选择"FIXTURE/添加模型/模型文件",然后选择"三爪.fxt"文件(图 3-46b)。若位置不合适,可通过"配置"对话框中的移动工具进行调整,调整后如图 3-46c 所示。

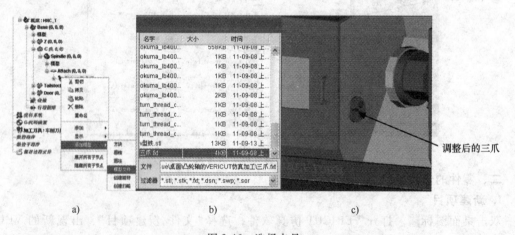

图 3-46 选择夹具

4. 选择及调整毛坯

在项目树的下拉菜单中找到"Stock",单击右键选择"添加模型/圆柱",然后选中已添加的毛坯,单击项目树上方的"配置",对圆柱毛坯进行尺寸及位置的编辑。根据零件图设定毛坯尺寸高为 84.7mm,半径为 25mm。单击"配置"对话框中的移动、组合等工具,将毛坯移动到正确位置。如图 3-47 所示,自定心卡盘夹住毛坯 20mm。当毛坯在夹具中间时,其

X、Y 坐标分别为 0。

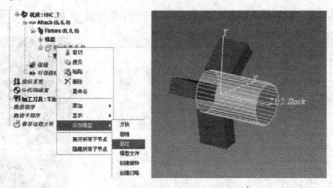

图 3-47 选择及调整毛坯

5. G 代码偏置(对刀)

如图 3-48 所示，在项目树中选择"G 代码偏置"，出现"配置 G-代码偏置"选项卡，选择程序零点，修改子系统名为"Turret"，单击"添加"按钮，则出现"配置程序零点"对话框，如图 3-49 所示，选择"Stork"下方调整位置的箭头，将鼠标移至工件右端面(+Z 方向)中心，单击该处，则该点被设置为毛坯零点，如图 3-50 所示。至此完成 G 代码偏置设置。

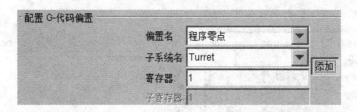

图 3-48 选择偏置名

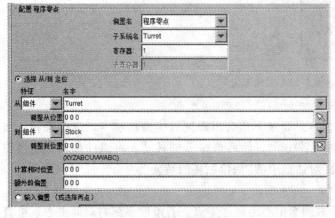

图 3-49 配置程序零点

图 3-50 选择程序零点

6. 添加数控程序

选择项目树中的数控程序，单击右键选择添加数控程序文件，出现数控程序选项卡，过滤器设置为所有文件，找到第一个工位所用的加工程序，双击该程序，选择"确定"，如图 3-51 所示。

7. 工位 1 仿真加工

单击"仿真到末端"工具图标◉，完成工位 1 的仿真加工，如图 3-52 所示。

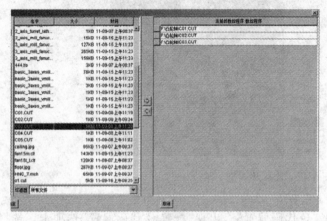

图 3-51　添加数控程序文件　　　　　图 3-52　工位 1 仿真加工

8. 生成工位 2

选择"工位 1"，单击右键选择"拷贝"（图 3-54），在空白处单击右键，选择"粘贴"，出现工位 2；单击"单步"工具图标◉，进入到"工位 2"加工环境，此时工位 2 字体变粗，如图 3-53 所示。

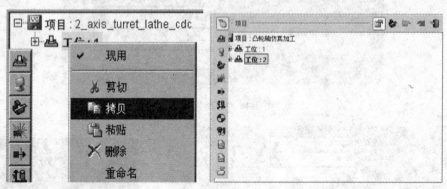

图 3-53　生成工位 2

9. 在工位 2 中调整并保留工件位置

在"Stock"（零件）视图中选择零件，界面左下角会出现配置模型选项卡，选择旋转，增量为 180°，单击 Y+，零件则沿 Y 轴旋转 180°，然后选择 Z 轴移动，将工件移动到适当位置，如图 3-54 所示。单击"项目配置"对话框中的"保留毛坯的转变"。

10. 工位 2 仿真加工

与步骤 5 的方法一样，选择工件右端面中心为程序零点。若拾取不到右端面中心，可直接将"调整到位置"坐标中的 X、Y 坐标设置为 0，如图 3-55b 所示。

选择数控程序，将工位 1 的程序删除。同工位 1 的调入程序一样，调入工位 2 的所有程序，单击"重置模型"工具图标◉，出现重置 VERICUT 切削模型选项卡，选择"确定"。单击"仿真到末端"工具图标◉，工位 1 仿真加工完毕。继续单击"仿真到末端"工具图标◉，则工位 2 仿真加工完毕，如图 3-55c 所示。

三、零件的仿真铣削加工

1. 输入铣削工位

选择项目,单击右键选择输入工位,则出现"输入工位"对话框,在捷径中选择样本,然后选择样本中的第 7 个文件,然后选择"输入",则完成铣削工位的输入,如图 3-56 所示。

2. 添加 V 形块,调整工件位置

选择"单步"工具图标,进入"工位 3"的加工环境。在项目树中展开工位 3,选择工位 3 中的 Fixture",单击右键,选择添加模型,然后选择模型文件,双击对话框中的"V 型铁㊀"文件,即完成添加 V 形块,如图 3-57 所示。同时在"项目配置"对话框中调整 V 型铁、毛坯、夹具的位置,同时单击"项目配置"对话框中的"保留毛坯的转变"。

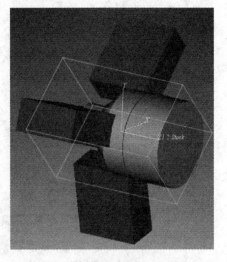

图 3-54 调整并保留工件位置

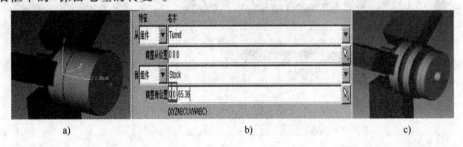

图 3-55 工位仿真加工

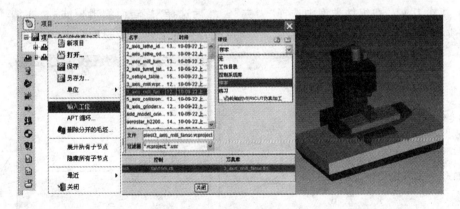

图 3-56 输入铣削工位

3. 添加刀具

1)新建铣刀。在设计树中双击"加工刀具",进入"刀具管理器"对话框,如图 3-58 所示。将现有刀具删除,然后选择"添加/刀具/新/铣削",进入"刀具 ID:4"对话框。在该对话框中设置刀具直径为 10,高为 60,刃长为 40,刀杆直径为 10。

㊀ 在标准术语中,V 型铁应叫 V 形块,此处因 UG 6.0 软件中还叫"V 型铁",故与软件一致。

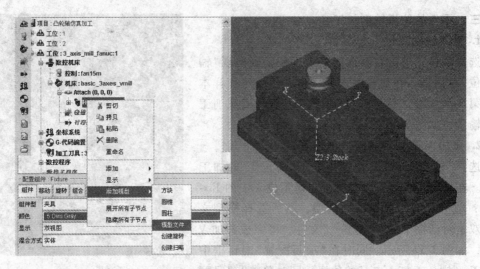

图 3-57　添加 V 形块，调整工件位置

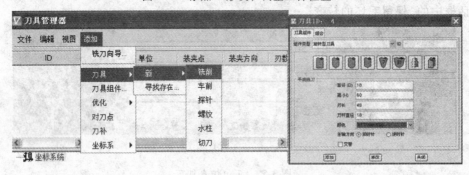

图 3-58　新建刀具

2）新建刀夹。在组件类型中选择"刀夹"，然后选择"旋转面编辑模式"，在编辑界面中编辑刀夹的旋转截面，然后选择"添加"，则完成刀夹的新建，步骤如图 3-59 所示。

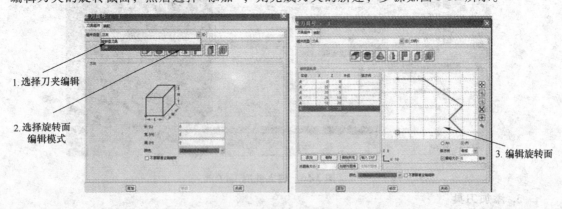

图 3-59　新建刀夹

3）刀具、刀夹装配。如图 3-60 所示，在刀夹编辑模式下，选择"装配"，然后将刀夹往上移动 60（刀杆长 60），则刀杆刚好安装在刀夹的下表面中心。

4）选择装夹点。如图 3-61 所示，在"刀具管理器：3_axis_mill_fanuc、tls"对话框中，选择刚才新建好的刀具 1，选中刀具 1 对应的装夹点方框，然后用鼠标选择装夹点位置（刀

项目三 凸轮轴的数控加工 89

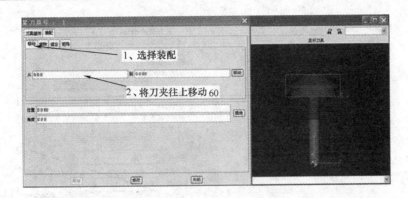

图 3-60 刀具、刀夹装配

夹上表面中心），将刀具文件保存。

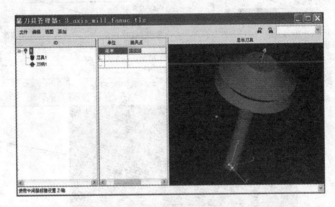

图 3-61 选择装夹点

4. G 代码偏置

在项目树中选择"G-代码偏置"，在下方偏置名中选择"程序零点"，然后选择"添加"。在"配置程序零点"对话框中选择"选择从/到定位"，再选择从组件"Tool"到组件"Stock"，单击"Stock"中调整位置后的箭头，然后选择工件上的程序零点。操作步骤如图 3-62 所示。

5. 工位 3 仿真加工

选择"重置模型"工具图标，出现重置 VERICUT 切削模型选项卡，选择"确定"。单击"仿真到末端"工具图标，工位 1 仿真加工完毕；单击"仿真到末端"工具图标，工位 2 仿真加工完毕；单击"仿真到末端"工具图标，工位 3 仿真加工完毕，如图 3-63 所示。

四、仿真加工项目保存

1. 保存项目

选择"文件/另存项目为"，则出现"另存项目为…"对话框，选择保存位置和项目名称，单击"保存"按钮，则出现的一个".VcProject"的文件就为整个项目的项目文件，如图 3-64 所示。

2. 文件汇总

选择"信息/文件汇总"，则出现"文件汇总"对话框，如图 3-65a 所示。单击复制所有文件工具，则出现"复制文件"对话框，如图 3-65b 所示。选择复制到的目录，然后再单击"设置所有/拷贝"，则出现"已经存在，重写吗"的对话框，选择"所有全是"即完成文件汇总。

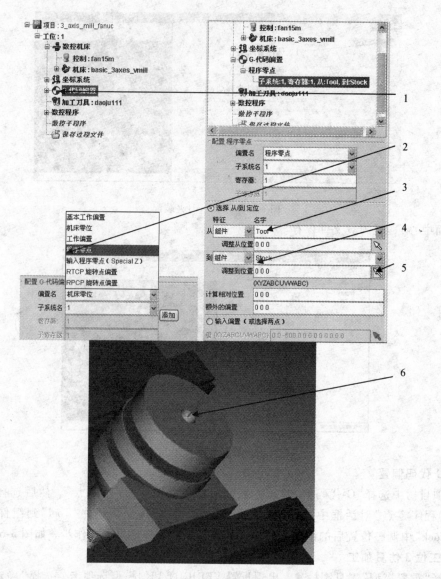

图 3-62 G 代码偏置

图 3-63 凸轮轴仿真加工结果

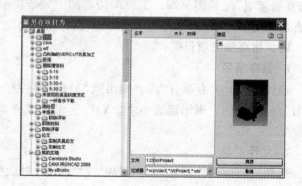

图 3-64 保存项目

项目三　凸轮轴的数控加工

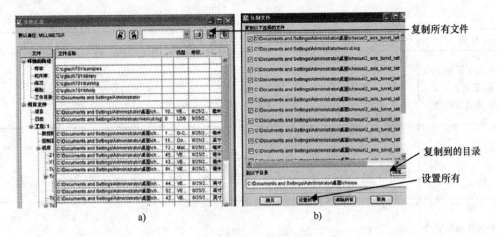

图 3-65　文件汇总

【任务实施】

用 VERICUT 数控仿真软件完成零件的仿真加工，并完成如下工作单。

工　作　单

任务		凸轮轴的加工	
姓名		同组人	
任务用时		实施地点	
任务准备	资料		
	工具		
	设备		
任务实施	步骤1		
	步骤2		
	步骤3		
	步骤4		
VERICUT 的仿真项目文件中，机床、系统、刀具、附件各用什么文件保存			
简述在 VERICUT 仿真软件中如何创建平底铣刀			
简述在 VERICUT 仿真软件中如何对刀（车、铣）			

（续）

任务	凸轮轴的加工
零件在实际加工中用到的毛坯，工具、量具、夹具及附件	
描述实际机床的对刀过程	
总结实际加工中的注意事项	
分析、总结实际加工零件的尺寸	
评语	

项目四 轴套的数控加工

本项目要求完成轴套的建模、加工工艺分析、刀具路径设置、数控程序编制以及仿真加工等内容。通过对该项目的学习，进一步掌握 UG 特征及特征操作工具条的使用；掌握平面区域加工、钻孔等的设置方法；掌握和巩固轴套类数控加工工艺、数控编程、数控仿真加工等相关知识。

任务一 轴套的建模

【任务描述】

根据零件图（图 4-1），应用 UG 6.0 软件，完成对轴套零件的建模。

【知识准备】

一、建模过程分析

根据轴套特征，该零件应先绘制出轴套主体旋转草图，生成主要特征后，再构建放置孔的平台（小平面），然后在平面上构建 $\phi 25mm$ 和 $\phi 8mm$ 的沉头孔，接着用圆形阵列做出旋转 180°的平台与沉头孔组合，然后倒角，最后做侧面 $\phi 8mm$ 的三个孔。建模过程如图 4-2 所示。

二、绘制轴套主体草图

1. 创建草图

如图 4-3 所示，选择特征工具条中的"草图"工具图标 ，即弹出"创建草图"对话框，在基准坐标系中选择 XZ 构图面，选择"确定"，则生成一个新的在"XZ 构图面"上的"草图（1）"。

2. 绘制轴套主体外轮廓草图

单击"绘图"工具栏中的"矩形"工具图标 ，用对角线坐标输入法，按照图 4-4a 所示绘制矩形，采用"坐标输入"模式，输入矩形左下角坐标（-38.1，-40）和右上角坐标（38.1，40）；单击"绘图"工具栏中的"直线"工具图标 ，按照图 4-4b 所示位置绘制三条直线，然后通过"自动判断的尺寸"工具图标 给三条直线添加位置约束，如图 4-4c 所示；最后用"裁剪"工具修整图形至图 4-4d 所示。

3. 绘制轴套主体内轮廓草图

从左到右依次画出主体内轮廓，具体如下：

1）用"圆弧"绘制半径为 20mm 的圆弧，用"约束"工具约束圆心 Y 向位置（与 OX 轴同轴），用"自动判断的尺寸"工具确定圆心的 X 向位置，绘制如图 4-5a 所示的图形。

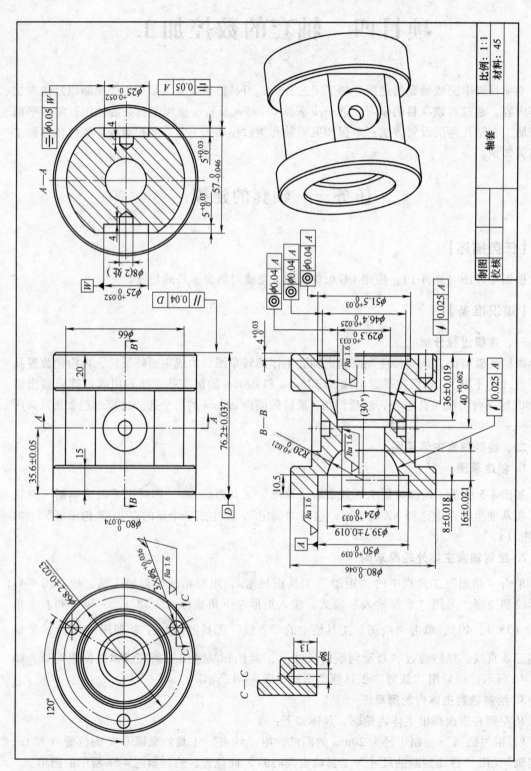

图 4-1 轴套零件图

项目四 轴套的数控加工

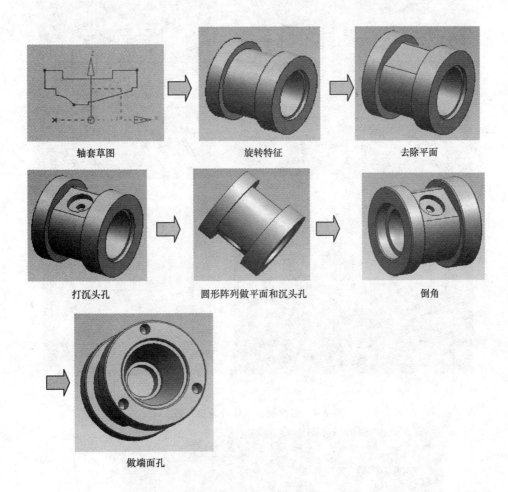

图 4-2 轴套造型流程

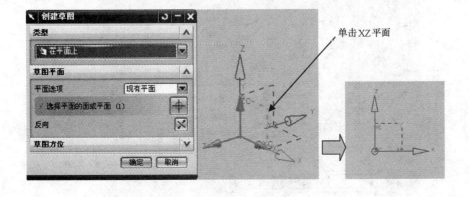

图 4-3 创建轴套主体草图

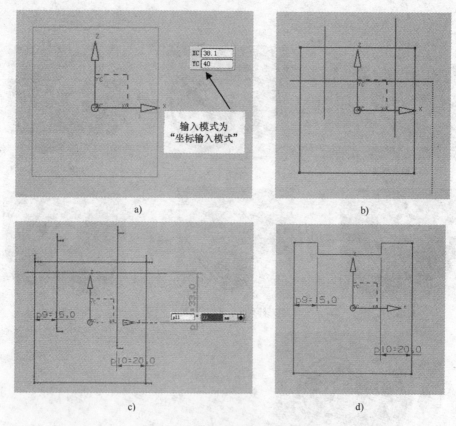

图 4-4 创建轴套主体外轮廓草图

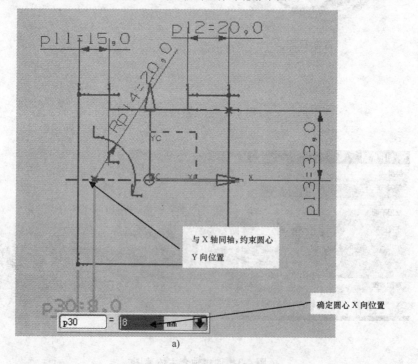

图 4-5 绘制轴套主体内轮廓草图

项目四 轴套的数控加工

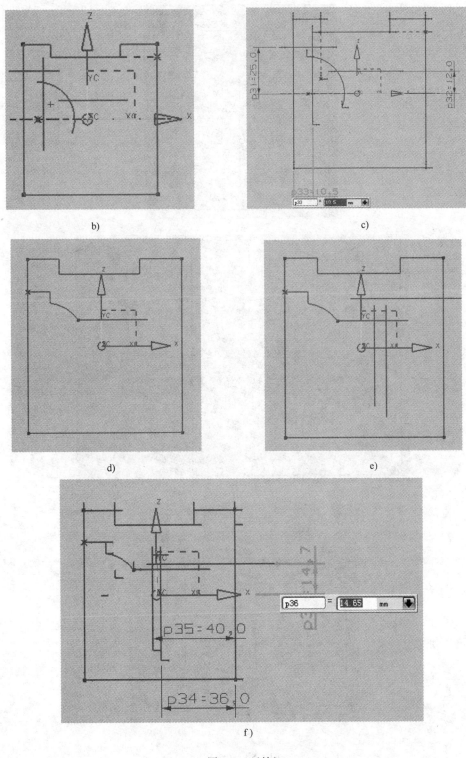

图 4-5 （续）

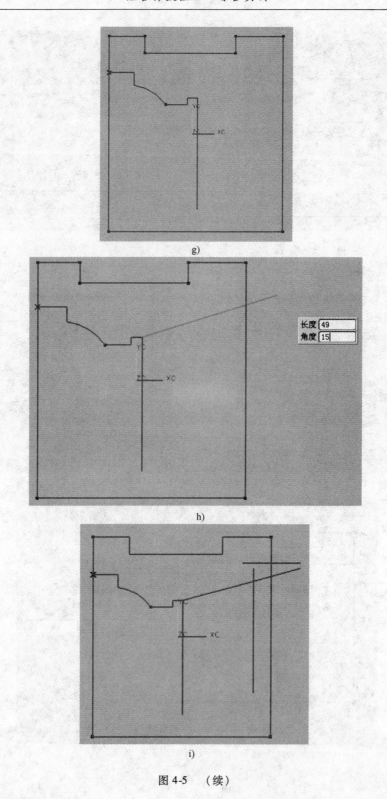

图 4-5 （续）

项目四 轴套的数控加工　　99

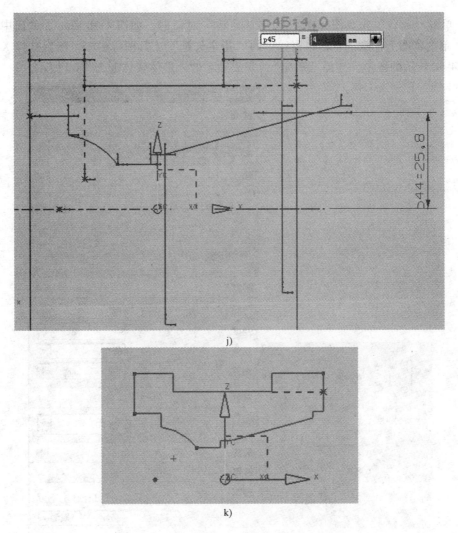

图 4-5 （续）

2）用"直线"工具绘制三条直线，如图 4-5b 所示；用"自动判断的尺寸"工具确定三条直线的位置，如图 4-5c 所示；用"裁剪"工具裁掉三条直线上不需要的部分，如图 4-5d 所示。

3）用"直线"工具绘制二条直线，如图 4-5e 所示；用"自动判断的尺寸"工具确定三条直线的位置，如图 4-5f 所示；用"裁剪"工具裁掉三条直线上不需要的部分，如图 4-5g 所示。

4）用"直线"工具绘制一条直线，如图 4-5h 所示，注意斜直线的左端点为两直线的交点，斜线的角度为 15°；用"直线"工具绘制两条直线，一条水平线、一条竖直线，如图 4-5i 所示；用"自动判断的尺寸"工具确定两条直线的位置，如图 4-5j 所示；用"裁剪"工具裁掉图形上不需要的部分，如图 4-5k 所示。

4. 旋转生成外形实体

1）完成草图后，单击"完成草图"工具图标，如图 4-6a 所示。

2)单击"回转"工具图标 , 弹出"回转"对话框, 如图 4-6b 所示。截面中"选择曲线", 单击草图上任意一点; 单击轴中的"指定矢量"工具图标 , 然后选择 X 轴, 生成如图 4-6c 所示的图形。选择"确定", 完成轴套的外形体实体如图 4-6d 所示。

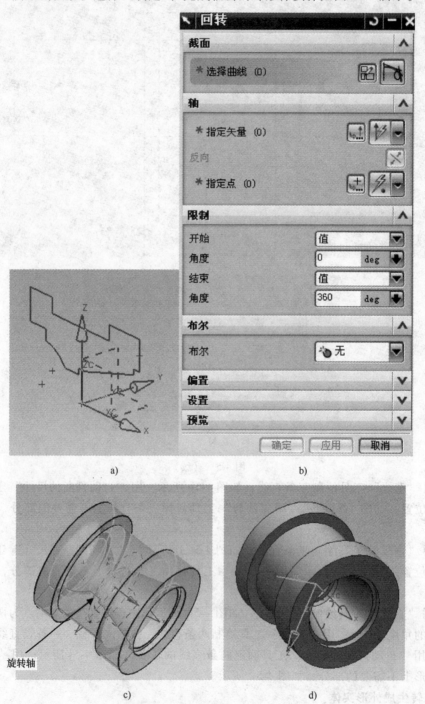

图 4-6 "回转"命令生成实体

5. 拉伸布尔运算求差生成放置孔的小平台

1）单击选择特征工具条中的草图工具，弹出"创建草图"对话框，在基准坐标系中选择 XY 构图面，注意参照方向，选择"确定"，则生成一个新的在 XY 构图面上的草图（2），如图 4-7a 所示。

2）用投影曲线工具做出槽两边的投影曲线，如图 4-7b 所示；用直线工具绘制两直线得到矩形，用自动判断的尺寸工具约束直线位置，如图 4-7c 所示；用裁剪工具裁掉图形上不需要的部分，得到如图 4-7d 所示图形，完成草图。

3）单击拉伸工具图标，弹出"拉伸"对话框，如图 4-7e 所示。截面中选择曲线时用鼠标单击绘制的矩形草图（图 4-7d），限制中结束选对称值，布尔选求差，生成结果如图 4-7f 所示；选择"确定"，生成如图 4-7g 所示效果图。

6. 用孔特征做沉头孔

单击孔特征工具图标，弹出"孔"对话框，成形中选择沉头孔，尺寸参数按图 4-8a 所示设置；设置位置中的指定点（O）时，用鼠标单击平台，弹出如图 4-8b 所示的"点"对话框，修改 X、Y 坐标均为 0；完成草图，选择"确定"，生成图 4-8c 所示图形。

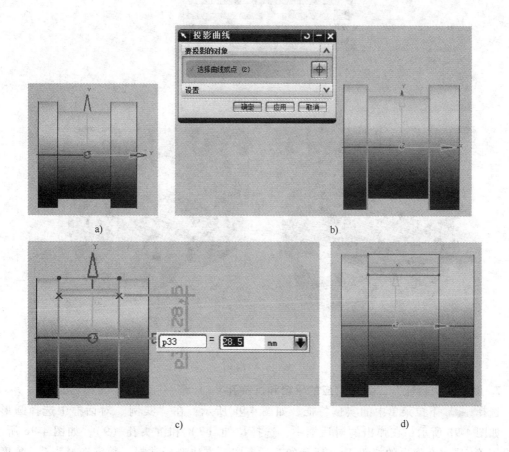

图 4-7 用拉伸命令生成放置孔的平台

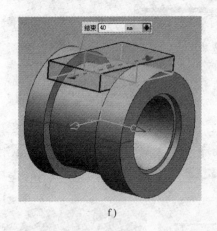

图 4-7 （续）

7. 用"实例特征"工具做对应的平台和沉头孔

选择 ![icon] -下拉菜单中的实例特征，如图 4-9a 所示；在"实例"对话框中选择圆形阵列，如图 4-9b 所示；在弹出的对话框中，选择拉伸（7）和沉头孔（9），如图 4-9c 所示，选择"确定"；在弹出的如图 4-9d 所示的对话框中，方法选择常规，数字选择为 2，角度为 180°，选择"确定"；在弹出的如图 4-9e 所示的对话框中，选择基准轴，然后选择"确定"。在"创建实例"对话框中，选择"是"（图 4-9f），"确定"后得到如图 4-9g 所示图形。

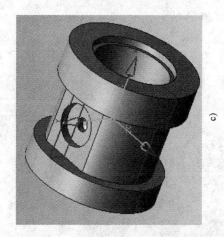
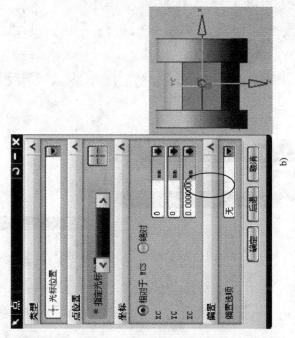
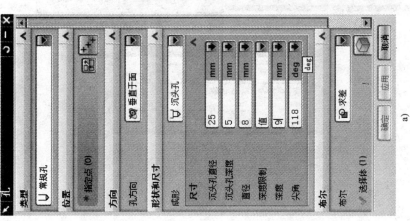

图 4-8 绘制沉头孔

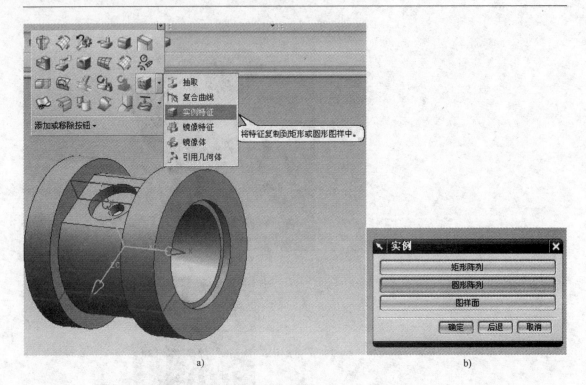

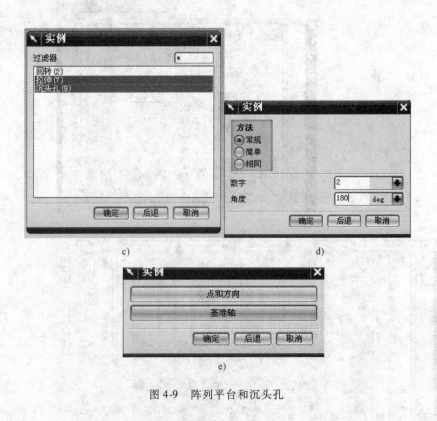

图 4-9 阵列平台和沉头孔

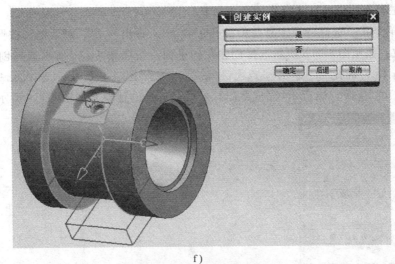

f)

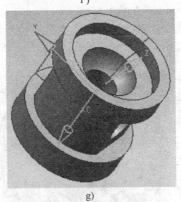

g)

图 4-9 （续）

8. 用倒斜角工具做六个边的倒角

在"倒斜角"对话框中设置倒角距离为 1mm，然后选择倒角的六条边（包括两端内孔倒角边），如图 4-10a 所示，选择"确定"，得到如图 4-10b 所示图形，完成倒角。

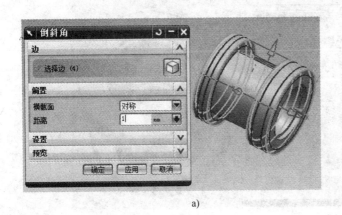
a)

b)

图 4-10 倒斜角

9. 用孔工具及实例特征工具在端面上做孔

1) 绘制单个孔。选择特征工具条中的孔工具 ，弹出"孔"对话框，按照图4-11a所示修改孔参数；按照图4-11b所示选择创建孔的平面；按照图4-11c所示选择创建孔平面的参考方向；选择"确定"，弹出"点"对话框，按照图4-11d所示输入孔中心的参数（-34.1，0，0），选择"确定"，完成草图。最后完成孔的建模，如图4-11e所示。

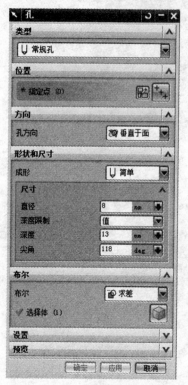

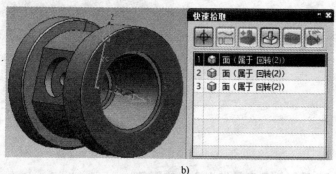

a) b)

c)

图 4-11 做端面孔

项目四 轴套的数控加工

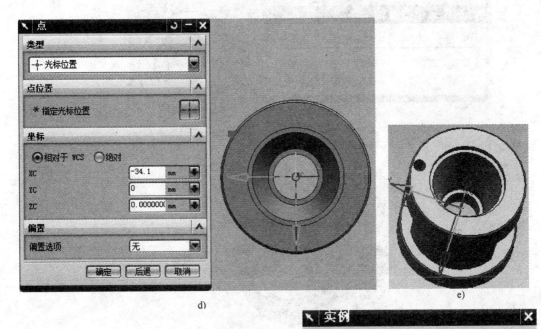

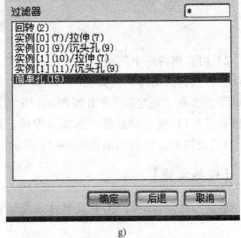

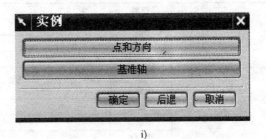

图 4-11 （续）

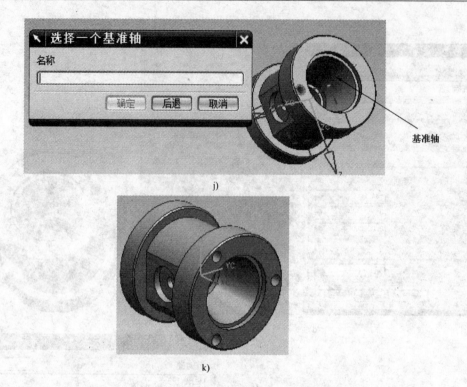

图 4-11 （续）

2）用实例特征中的圆形阵列做出互成 120°的孔。单击实例特征工具图标弹出"实例"对话框，选择圆形阵列，如图 4-11f 所示；弹出如图 4-11g 所示的对话框，在过滤器中选择简单孔，选择"确定"；弹出如图 4-11h 所示的对话框，按图示修改参数，选择"确定"；弹出如图 4-11i 所示对话框，选择基准轴；按图 4-11j 所示选择一个基准轴，然后选择"确定"，完成阵列，最后结果如图 4-11k 所示。

【任务实施】

根据零件图，应用 UG 6.0 软件完成轴套零件的建模，同时完成工作单。

工 作 单

任务		完成轴套建模	
姓名		同组人	
任务用时		实施地点	
任务准备	资料		
	工具		
	设备		
任务实施	步骤 1		
	步骤 2		
	步骤 3		
	步骤 4		
	步骤 5		
	步骤 6		
	步骤 7		
	步骤 8		

写出完成轴套建模过程中用到的工具	
描述轴套的建模过程	
通过对该零件建模,对软件及建模技巧有哪些体会	
评语	

(续)

任务二　轴套工艺工装分析

【任务描述】

分析轴套的加工工艺,完成其工艺卡片。

【知识准备】

一、零件图分析（参照图 4-1）

1. 零件主要特征

该零件为典型的轴套类零件,需要加工的有外圆、外槽、内槽、内孔、锥面、圆弧面、平台和孔,形状复杂,主体部分由车床切削而成,平台、沉头孔、端面孔由铣床完成。

2. 重点尺寸

重点尺寸为锥孔端几何尺寸和位置尺寸,以及两平台的位置尺寸。

二、加工工艺分析

1. 零件装夹的重点、难点

1）铣平台孔时的位置定位,若用四轴数控铣床则相对容易。

2）调头车削时,同轴度的精度要保证。

3）若毛坯较短,在用自定心卡盘装夹切外槽时需做圆锥或圆弧样的工装来辅助支撑,否则加工非常危险。

2. 零件的装夹方案

车削时用自定心卡盘及辅助工装装夹，铣平台和钻孔时用机用平口虎钳装夹，铣端面孔时用机用平口虎钳和专用工装装夹。

3. 加工注意事项

根据零件的尺寸标注特点及基准统一的原则，编程原点选择为零件右端面的中心。

零件结构形状复杂，精度要求较高，加工时应注意对刀具的选择，分粗、精加工两道工序完成加工。

三、工艺工装制定

1. 由于该零件形状复杂，必须使用多把车刀才能完成车削加工，同时还需要在铣床上铣平台和钻孔。根据零件的具体要求和切削加工进给路线的确定原则，假设毛坯较长，该轴套的加工顺序和进给路线如下：

1）用自定心卡盘装夹一端，用机夹外圆车刀车锥孔一端的端面和外圆。
2）用切断刀切外圆上的槽。
3）用麻花钻钻工艺孔。
4）用镗孔刀加工锥孔面和内槽。
5）调头用自定心卡盘车软爪，装夹找正，保证同轴度要求，用外圆刀加工外圆。
6）用麻花钻钻工艺孔。
7）用镗孔刀加工内槽和圆弧面。
8）铣刀铣平台，钻头钻孔。
9）换工位铣平台和钻孔。
10）钻端面孔。

2. 工艺简表（表4-1）

表4-1 工艺简表

工序号	工序名称	夹具	刀具	工序简图
1	车端面、外圆	自定心卡盘	外圆车刀	略
2	切外圆上的槽	自定心卡盘	车槽刀	略
3	钻工艺孔	自定心卡盘	钻头	略
4	镗内孔槽和锥面	自定心卡盘	镗刀	略
5	调头加工外圆	软爪	外圆车刀	略
6	钻工艺孔	软爪	麻花钻	略
7	镗内孔槽和圆弧面	软爪	镗刀	略
8	铣平台和钻沉头孔	机用平口虎钳	铣刀、钻头	略
9	钻端面孔	机用平口虎钳	钻头	略

3. 刀具简表（表4-2）

表4-2 刀具简表

序号	刀具号	刀具名称	型号	刀具简图
1	T01	外圆车刀		
2	T02	麻花钻	ϕ8mm	
3	T04	镗刀		
4	T05	车槽刀	4mm	
5	T07	铣刀	ϕ8mm	

【任务实施】

分析轴套零件图，填写零件的分析报告，完成工作单1；分析加工工艺，填写工艺卡片，完成工作单2。

工 作 单 1

任务		工艺工装分析	
姓名		同组人	
任务用时		实施地点	
任务准备	资料		
	工具		
	设备		
任务实施	步骤1		
	步骤2		
	步骤3		
	步骤4		
轴套零件分析报告			
评语			

工作单 2

任务	工艺工装分析								
机械加工工艺过程卡					零件名称		轴套		
毛坯种类			毛坯尺寸	毛坯材料		零件图号			
工序号	工序名称	工步号	工序、工步内容	程序号	切削用量	工艺装备			
						夹具	刀具与刀号	设备型号	量具

任务三　轴套数控车削程序编制

【任务描述】

根据现场工作条件，完成轴套零件的数控车削程序编制。注意不同系统的机床 G71 的功能不同。

【知识准备】

一、轴套锥孔端外轮廓车削程序（见图 4-12 和表 4-3）

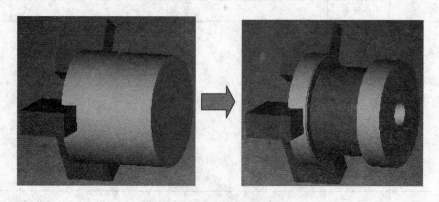

图 4-12　轴套锥孔端外轮廓车削程序示意图

表 4-3 轴套锥孔端外圆车削程序

序号	程序	注释	备注
	%0001	程序名	
N10	T0101	换 90°外圆车刀	
N20	M03 S800	主轴正转，800r/min	
N30	M08	切削液开	
N40	G00 X82 Z2	快速定位到 X82Z2 位置	
N50	G71 U2 R1	运行 G71 粗加工循环，每次切深 2mm	
N60	G71 P70 Q110 U1 W0 F0.2	精加工余量 1mm	
N70	G0 G42 X0	循环起始段，加入右刀补	
N80	G01 Z0	加工路线为 N11~N12	
N90	X80 C1		
N100	G01 Z-61.2		
N110	X90 Z5		
N120	G00 G40 X100 Z200	取消刀补，快速返回换刀点	
N130	M05	主轴停	
N140	T0505	换 5 号刀，建 5 号刀补	
N150	M03 S800	主轴正转，800r/min	
N160	G00 Z-24		
N170	G01 X66 F0.3	加工中间 $\phi 66$mm 的凹槽	
N180	X80		
N190	Z-28		
N200	G01 X66		
N210	X80		
N220	Z-32		
N230	G01 X66		
N240	X80		
N250	Z-36		
N260	G01 X66		
N270	X80		
N280	Z-40		
N290	G01 X66		
N300	X80		
N310	Z-44		
N320	G01 X66		
N330	X80		
N340	Z-48		
N350	G01 X66		

（续）

序号	程序	注释	备注
N360	X80		
N370	Z-52		
N380	G01 X66		
N390	X80		
N400	Z-56		
N410	G01 X66		
N420	X80		
N430	Z-60		
N440	G01 X66		
N450	X80		
N460	Z-61.2		
N470	G01 X66		
N480	X80		
N490	G00 Z-24		
N500	G01 X66		
N510	Z-61.2		
N520	X80		
N530	G00 X100 Z200	快速移动到X100，Z200	
N540	M05	主轴停	
N550	T0202	换2号刀，建立2号刀补	
N560	M03 S500	主轴正转，500r/min	
N570	G00 X0 Z20	快速移动到X0，Z20	
N580	G00 Z2	快速移动到X0，Z2	
N590	G01 Z-80 F0.2		
N600	G00 Z30		
N610	Z200		
N620	M05	主轴停	
N630	M30	程序结束并返回	

二、锥孔端内孔程序（见图4-13和表4-4）

图4-13 锥孔端内孔程序示意图

表 4-4 锥孔端内孔程序

序号	程序	注释	备注
	%0002	程序名	
N10	T0404	换镗	
N20	M03 S800	主轴正转,800r/min	
N30	G00 X0 Z5	快速定位到X0,Z5位置	
N40	G71 U1 R0.5	运行G71粗加工循环,每次切深1mm	
N50	G71 P60 Q110 U1 W0 F0.2	运行G71粗加工循环,精加工余量1mm	
N60	G01 G41 X51.5 Z0	循环起始段,加入左刀补	
N70	Z-4	车槽	
N80	X46.4	车锥面	
N90	X29.3 Z-36		
N100	Z-40	ϕ29.3mm 槽孔	
N110	X0	循环末尾段	
N120	G00 Z20	快速移动Z20	
N130	M05	主轴停	
N140	M30	程序结束并返回	

三、圆弧面端车削程序（见图4-14和表4-5）

图 4-14 轴套圆弧面端车削程序示意图

表 4-5 轴套圆弧面端车削程序

序号	程序	注释	备注
	%0003	程序名	
N10	T0101	换90°外圆车刀	
N20	M03 S800	主轴正转,800r/min	
N30	M08	切削液开	
N40	G00 X82 Z2	快速定位到X82,Z2位置	
N50	G71 U2 R1	运行G71粗加工循环,每次切深2mm	
N60	G71 P70 Q110 U1 W0 F0.2	精加工余量1mm	

(续)

序号	程序	注释	备注
N70	G00 G42 X0	循环起始段，加入右刀补	
N80	G01 Z0		
N90	X80 C1		
N100	G01 Z-20		
N110	X82 Z2		
N120	G00 G40 X100 Z200		
N130	M05		
N140	M03 S1000	主轴正转，1000r/min	
N150	T0202	换2号刀，建2号刀补	
N160	G00 X0 Z20	快速定位到X0, Z20	
N170	G00 Z2		
N180	G01 Z-50 F0.2		
N190	G00 Z30		
N200	Z200		
N210	M05	主轴停	
N220			
N230	M03 S1000	主轴正转，1000r/min	
N240	T0404	换4号刀，建4号刀补	
N250	M08		
N260	G00 X15 Z2		
N270	G71 U1 R0.5		
N280	G71 P290 Q360 U-1 F0.2		
N290	G41 G00 X55 S2000		
N300	G01 X50 Z-0.5 F0.1		
N310	Z-10.5		
N320	X39.7		
N330	G03 X24 Z-24 R20		
N340	G01 Z-38		
N350	X23		
N360	G40 G00 X22		
N370	G00 Z200	快速移动Z20	
N380	X200		
N390	M05	主轴停	
N400	M30	程序结束并返回	

【任务实施】

根据实际加工工艺编制零件所有车削程序,同时完成工作单。

工作单

任务		完成轴套车削程序编制	
姓名		同组人	
任务用时		实施地点	
任务准备	资料		
	工具		
	设备		
任务实施	步骤1		
	步骤2		
	步骤3		
程序1			
程序2		程序3	

任务四　轴套铣削刀具路径设置

【任务描述】

根据现场工作条件,用 CAXA 制造工程师 2008 完成轴套中平台、沉头孔和端面孔的自动编程。

【知识准备】

一、用 CAXA 制造工程师 2008 完成小平台自动编程

1. 将轴套的".prt"文件转换为".x_t"文件

在 UG6.0 软件中，打开轴套的".prt"文件，选择"文件/导出/Parasolid"，在弹出"导出 Parasolid"对话框中，选中构图面中的轴套，在"要导出的 Parasolid 版本"选项中选择"10.0-Ug15.0"，如图 4-15a 所示；然后选择"确定"。在弹出"导出 Parasolid"对话框时，选择要保存的非中文目录，文件名为"zt.x_t"文件，然后选择"OK"，如图 4-15b 所示。

图 4-15 导出".x_t"文件

2. 用 CAXA 制造工程师 2008 软件打开"zt.x_t"文件

在 CAXA 制造工程师 2008 软件中，选择"文件/打开"，在"打开文件"对话框中找到刚才保存过的文件，然后选择"打开"，即将轴套文件导入到 CAXA 制造工程师 2008 软件中。导入后结果如图 4-16 所示，+X 轴与零件轴线平行。

3. 平台走刀路径的设置

1) 创建加工平台的坐标系"1"。为了加工编程方便，可以选择平台的几何中心点为新

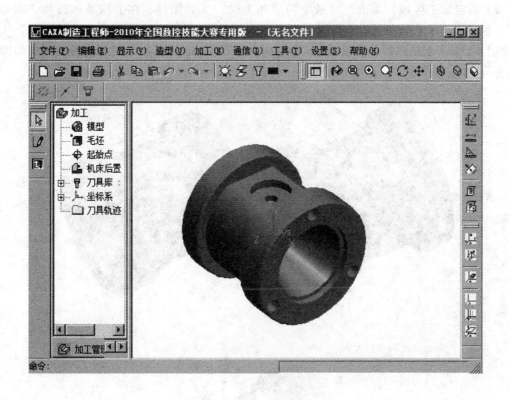

图 4-16 导入制造工程师软件

建坐标系的原点，平台的几何中心点可以通过做辅助线的方法来求出。首先单击工具条中"直线"工具图标，按下 < SPACE > 键，选择"中点"，再分别单击平台的四条边，绘制如图 4-17a 所示的两条辅助线。单击工具条中创建坐标系的工具图标，在左边弹出的预选框中选择"两相交直线"，再分别单击两辅助线（注意按照提示栏提示选择 X、Y 轴的正方向），输入新建坐标系名称"1"，即建立了新坐标系，如图 4-17b 所示。

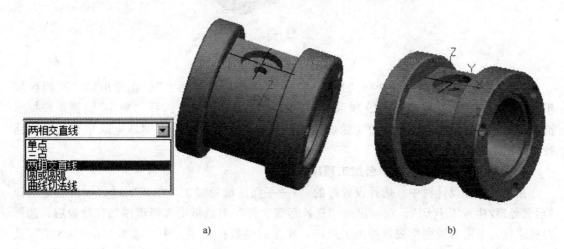

a)   b)

图 4-17 新创建坐标系"1"

2) 确定加工区域。单击工具条中的"相关线"工具图标,在下拉菜单选择"实体边界",然后选择平台的四条边,如图4-18a所示;利用"等距线"工具和"曲线拉伸"工具完成图4-18b所示的图形,直线 m、n 分别向外平移10mm,删除不用的直线,结果如图4-18c所示。

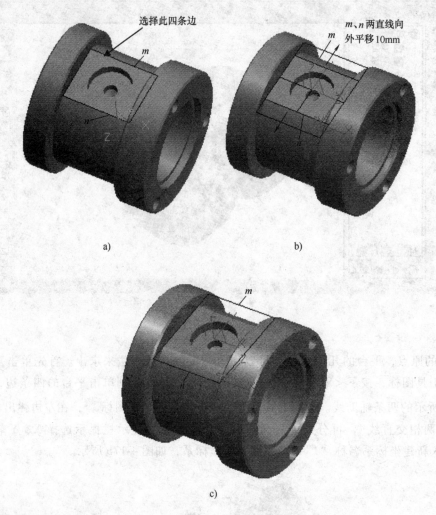

图 4-18 确定加工区域

3) 设置生成刀具路径。选择"加工/粗加工/平面区域粗加工",在弹出的"平面区域粗加工"对话框中,完成图4-19所示的 a~d 所示的参数设置,选择"确定",则系统提示拾取轮廓,选择步骤2)中的加工轮廓,选择串联箭头后,单击右键即生成平台的走刀路径,如图4-20所示。

4. 用后置处理自动生成平台加工程序

在加工管理设计树中,选择设置好的"1—平面区域粗加工"加工策略,单击右键选择"后置处理/生成G代码",在弹出的"选择后置文件"对话框中选择程序保存位置后,选择刀具路径,单击右键则生成数控加工程序。在生成的数控程序开头,添加"G91G28Z0"及"T1M6"两个程序段指令后保存,如图4-21所示。至此则完成对平台自动编程的操作。

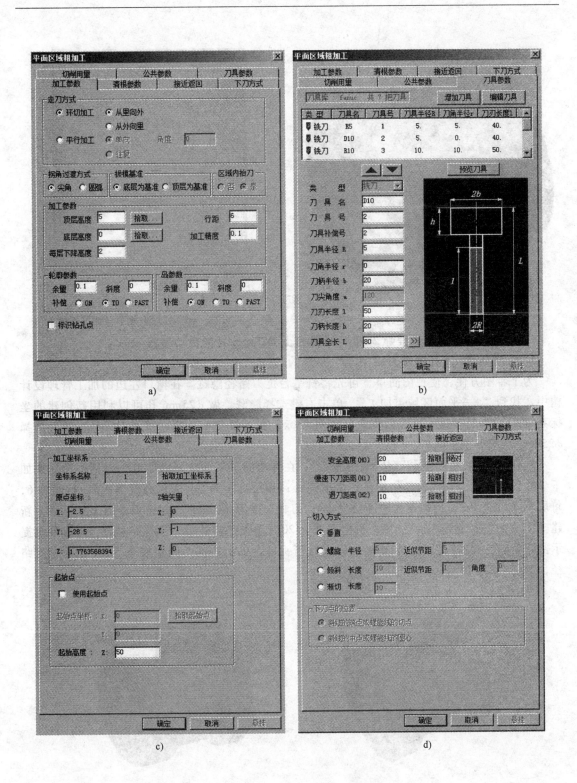

图 4-19 平面区域粗加工参数设置

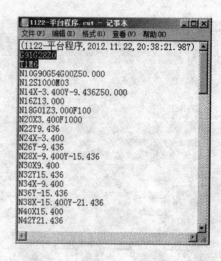

图 4-20 生成平台走刀路径　　　　　图 4-21 后置处理生成平台加工程序

二、用 CAXA 制造工程师 2008 完成平台上 φ25mm 孔的自动编程

1. 生成 φ25mm 孔的走刀路径

为了看图方便，使视图简单，可先将铣平台走刀路径隐藏。在窗口左边的加工管理设计树中，找到"1—平面区域粗加工"，单击右键选择隐藏。做 φ25mm 孔可以利用新创建的坐标系"1"。单击工具条的"相关线"工具图标，在下拉菜单选择"实体边界"，然后选择 φ25mm 孔边，如图 4-22a 所示。

选择"加工/粗加工/平面区域粗加工"，在弹出的"平面区域粗加工"对话框中完成如下参数设置：走刀方式为环切加工，从里到外；顶层高度为 0，底层高度为 -5，行距为 6，每层下降高度为 2；轮廓参数中补偿为 TO；刀具选择为 φ10mm 的立铣刀；加工坐标系为新建坐标系"1"；起始高度为 50，安全高度为 20。设置完参数后，选择"确定"，则系统提示拾取轮廓，选择圆弧加工轮廓，选择串联箭头后，单击右键，则生成 φ25mm 孔的走刀路径，如图 4-22b 所示。

a)　　　　　　　　　　　　　　　b)

图 4-22 φ25mm 孔走刀路径的设置

2. 自动生成 φ25mm 孔的加工程序

在加工管理设计树中,选择设置好的"2—平面区域粗加工"加工策略,单击右键选择"后置处理/生成 G 代码",在弹出的"选择后置文件"对话框中选择程序保存位置后,选择刀具路径,单击右键则生成数控加工程序。在生成的数控程序开头添加"G91G28Z0"及"T1M6"两个程序段指令后保存,如图 4-23 所示。至此即完成 φ25mm 孔自动编程的操作。

三、用 CAXA 制造工程师 2008 完成平台上 φ8mm 孔的自动编程

1. 生成 φ8mm 孔的走刀路径

先将 φ25mm 孔的走刀路径隐藏(在窗口左边的加工管理设计树中,找到"2—平面区域粗加工加工策略",单击右键选择"隐藏",同样利用创建的坐标系"1"。单击"相关线"的工具图标,在下拉菜单中选择"实体边界",然后选择 φ8mm 孔边,如图 4-24a 所示。

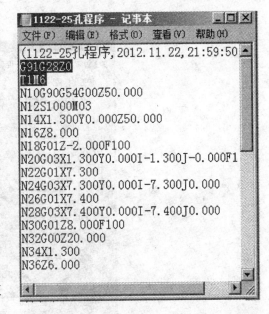

图 4-23 后置处理生成 φ25mm 孔加工程序

选择"加工/其他加工/孔加工",在弹出的对话框中按照图 4-24b、c 所示完成如下参数设置:刀具选择 φ8mm 的钻头;若列表中没有,按照图 4-24d 所示建立刀具;加工坐标系为新建坐标系"1";起始高度为 50,安全高度为 20。设置完参数后,选择"确定",则系统提示拾取如图 4-24a 所示的 φ8mm 的圆心,单击右键则生成 φ8mm 孔的走刀路径,如图 4-24e 所示。

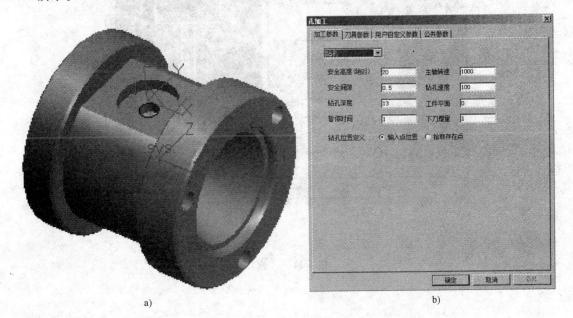

a) b)

图 4-24 φ8mm 孔走刀路径的设置

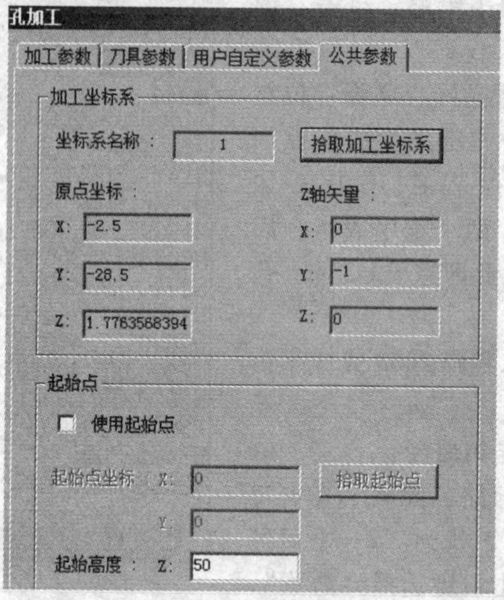
孔加工
加工参数
刀具参数
用户自定义参数
公共参数
加工坐标系
坐标系名称：
1
拾取加工坐标系
原点坐标：
X: -2.5
Y: -28.5
Z: 1.7763568394
Z轴矢量：
X: 0
Y: -1
Z: 0
起始点
使用起始点
起始点坐标 X: 0
Y: 0
拾取起始点
起始高度： Z: 50

c)

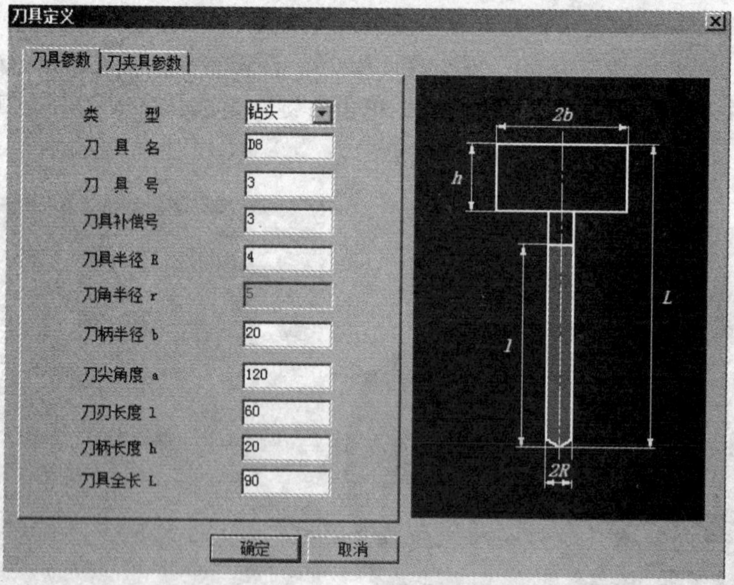
刀具定义
刀具参数
刀夹具参数
类 型
钻头
刀 具 名
D8
刀 具 号
3
刀具补偿号
3
刀具半径 R
4
刀角半径 r
5
刀柄半径 b
20
刀尖角度 a
120
刀刃长度 l
60
刀柄长度 h
20
刀具全长 L
90
确定
取消
2b
h
L
l
2R

d)

图 4-24 （续）

e)

图 4-24 （续）

2. 自动生成 φ8mm 孔的加工程序

在加工管理设计树中，选择设置好的"3—钻孔"加工策略，单击右键选择"后置处理/生成 G 代码"，在弹出的"选择后置文件"对话框中选择程序保存位置后，选择刀具路径，单击右键则生成数控加工程序。在生成的数控程序开头添加"G91G28Z0"及"T2M6"两个程序段指令后保存，如图 4-25 所示。至此则完成 φ8mm 孔自动编程的操作。

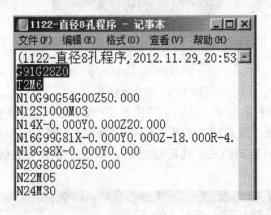

图 4-25 自动生成 φ8mm 孔程序

四、用 CAXA 制造工程师 2008 完成端面上三个 φ8mm 孔的自动编程

1. 端面孔加工走刀路径的设置

1）创建加工端面孔的坐标系"2"。为了加工编程方便，可以选择端面三个孔的几何中心点为新建坐标系的原点，几何中心点可以通过做辅助线的方法来得到。利用"直线"工具按照图 4-26a～c 的顺序绘制 6 条辅助直线，找到三个孔的几何中心点 O。单击工具条中"创建坐标系"工具图标，在左边弹出的预选框中选择"两相交直线"，分别单击直线 OA、OD（注意按照提示栏提示选择 X、Y 轴的正方向），输入新建坐标系名称"2"即建立了坐标系，如图 4-26d 所示。注意孔 A 的位置，是在平台一侧，点 A 与平台上沉头孔的中心在同一平面 XY 内。

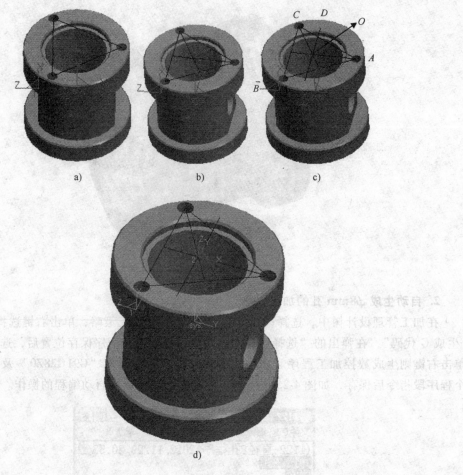

图 4-26 创建坐标系 "2"

2）设置生成加工路径。选择"加工/其他加工/孔加工"，在弹出的对话框中按照图 4-27a、b、c完成参数设置。设置完参数后，选择"确定"，则系统提示拾取点。依次选择图 4-26c 中的 A、B、C 三点即端面三个孔的圆心点，单击右键则生成端面三个孔的走刀路径，如图 4-27d 所示。

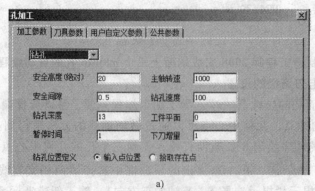

图 4-27 生成端面三个孔的走刀路径

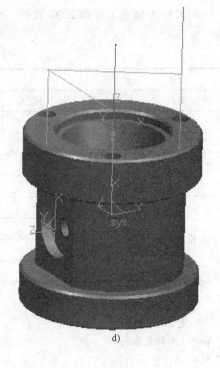

b)

c)   d)

图 4-27 （续）

2. 自动生成端面孔的加工程序

在加工管理设计树中,选择设置好的"4—钻孔"加工策略,单击选择"后置处理/生成 G 代码",在弹出的"选择后置文件"对话框中选择程序保存位置后,选择刀具路径,单击右键则生成数控加工程序。在生成的数控程序开头添加"G91G28Z0"及"T2M6"两个程序段指令后保存,如图 4-28 所示。至此则完成端面 3 个孔的程序编制。

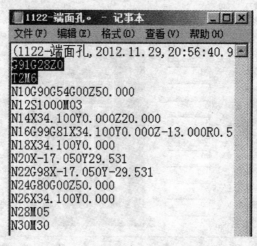

图 4-28 端面孔加工程序

【任务实施】

用 CAXA 制造工程师 2008 软件,完成轴套刀具路径设置及其自动编程,同时完成工作单。

工 作 单

任务	完成轴套刀具路径设置		
姓名		同组人	
任务用时		实施地点	
任务准备	资料		
	工具		
	设备		
任务实施	步骤 1		
	步骤 2		
	步骤 3		
	步骤 4		
简述如何将".prt"文件转化为".x_t"文件			

(续)

在进行"轴套"刀具路径设置时,对坐标系有哪些要求	
完成轴套刀具路径设置要用到哪几种策略,各自的作用是什么	
评语	

任务五　轴套的加工

【任务描述】

根据加工工艺方案,用 VERICUT 软件完成轴套的数控仿真加工,以便熟练掌握 VERICUT 软件。

【知识准备】

一、轴套的 VERICUT 仿真加工准备

在进行该任务时应先完成如下工作:

1) 明确该零件的加工工艺过程。
2) 完成零件数控车削程序的编制。
3) 完成轴套轮廓刀具路径的设置并生成正确的加工程序。
4) 新建文件夹,将仿真加工所需的机床文件、附件(STL)文件、系统文件、刀具文件及轴套的程序文件等全部放在该文件夹中,本任务取用的文件名为"轴套的 VERICUT 仿真加工"。

二、轴套的仿真车削加工

1. 新建项目

打开 VERICUT 仿真软件,选择"文件/新建项目",出现新的 VERICUT 项目选项卡,选择毫米,如图 4-29a 所示;同时选择工作目录为已存仿真加工资料的"轴套的 VERICUT 仿真加工"文件夹,如图 4-29b 所示。

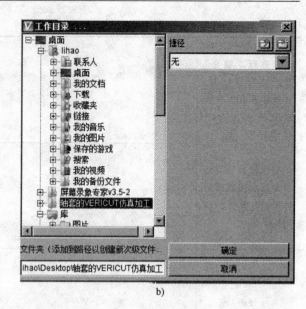

图 4-29 新建项目

2. 选择控制、机床及加工刀具文件

如图 4-30a、b 所示，在项目树中选择"控制"，单击右键后选择打开，然后选择数控车床控制系统"fan15t_t.ctl"文件。用同样的方法完成对数控车床"HNC_T.mch"文件的选择，完成对数控车刀"车削刀具.tls"文件的选择，选择完后如图 4-30c 所示。

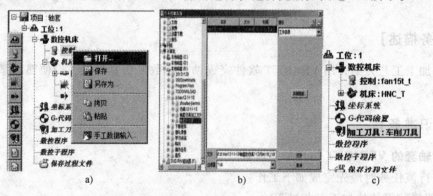

图 4-30 控制、机床及加工刀具文件选择

3. 选择夹具

如图 4-31a 所示，打开机床项目树，选择"Fixture，添加模型/模型文件"，然后选择"三爪.fxt"文件（图 4-31b）。若位置不合适，可通过"配置"对话框中的移动工具进行调整，调整后如图 4-31c 所示。

4. 选择及调整毛坯

在项目树的下拉菜单中找到"Stock"，单击右键选择"添加模型/圆柱"，然后选中已添加的毛坯，单击项目树上方的"配置"，对圆柱毛坯进行尺寸及位置的编辑。根据零件图设定毛坯尺寸高为 76.2mm，直径为 82mm。单击"配置"对话框中的移动、组合等工具，将毛坯移动到正确位置。如图 4-32 所示，自定心卡盘夹住毛坯 20mm。当毛坯在夹具中间时，其 X、Y 坐标分别为 0。

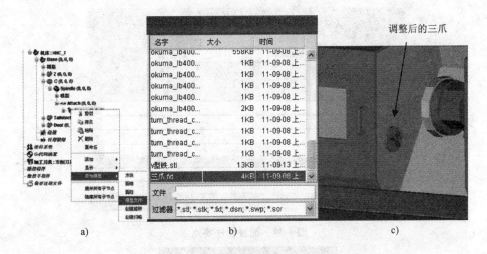

图 4-31 选择夹具

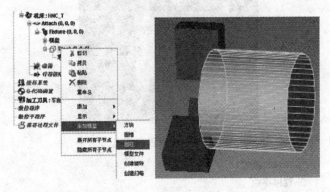

图 4-32 选择及调整毛坯

5. G 代码偏置（对刀）

在项目树中选择"G 代码偏置"，出现"配置 G-代码偏置"选项卡，如图 4-33 所示；选择程序零点，修改子系统名为 Turret，单击"添加"按钮，则出现"配置程序零点"对话框，如图 4-34 所示。选择 Stork 下方调整位置的箭头，将鼠标移至工件右端面中心处单击毛坯零点，如图 4-35 所示。至此完成对 G 代码偏置的设置。

图 4-33 选择偏置名

6. 添加数控程序

选择项目树中的数控程序，单击右键选择添加数控程序文件，出现数控程序选项卡，过滤器设置为所有文件，找到第一个工位所用的加工程序，双击该所用程序，选择"确定"，即将程序添加到系统，如图 4-36 所示。

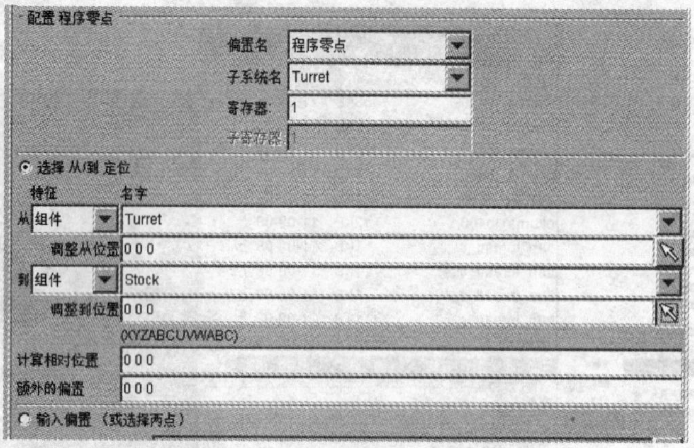

图 4-34 配置程序零点

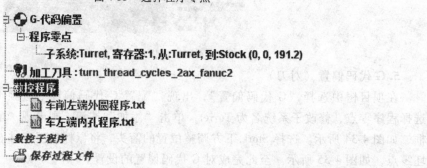

图 4-35 选择程序零点

图 4-36 添加数控程序文件

7. 工位 1 仿真加工

单击"仿真到末端"工具图标，完成工位 1 的仿真加工，如图 4-37 所示。

8. 生成工位 2

单击"工位 1"，单击右键选择"拷贝"；在空白处单击右键，选择粘贴，出现工位 2，单击"单步"工具图标，进入到"工位 2"加工环境，此时工位 2 字体变粗，如图 4-38 所示。

9. 在工位 2 中调整并保留工件位置

在"Stock"（零件）视图中选择零件，界面左下角会出现

图 4-37 工位 1 仿真加工

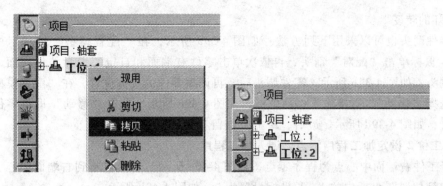

图 4-38 生成工位 2

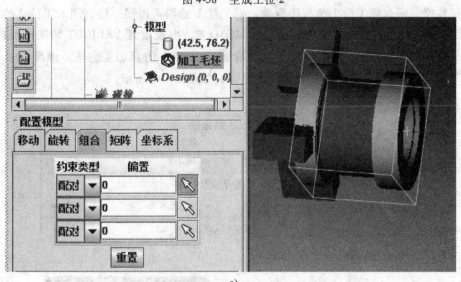

a)

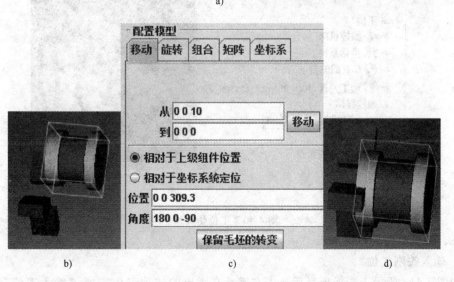

b)　　　　　　　　　c)　　　　　　　　　d)

图 4-39 调整并保留工件位置

"配置模型"选项卡,选择旋转,增量为 180°,单击 Y+,零件则沿 Y 轴旋转 180°,然后选择 Z 轴移动,将工件移动到适当位置,如图 4-39d 所示,选择"项目配置"对话框中的

"保留毛坯的转变"。

将零件调头也可以采用下列方法：如图 4-39a 所示，在"配置模型"选项卡中，选择"组合"，鼠标单击"配对"箭头，再依次单击零件右端面和自定心卡盘的外端面，即完成零件的调头，如图 4-39b 所示。零件调头后，再调整零件的具体位置，在"配置模型"选项卡中，选择"移动"，直接输入移动坐标，如图 4-39c 所示。单击"移动"即将零件调整到合适位置，如图 4-39d 所示。最后，单击"保留毛坯的转变"。

10. 工位 2 设定加工程序零点，调入加工程序

选择工件右端面中心点为程序零点，如图 4-40a 所示。若拾取不到右端面中心，可直接将"调整到位置"坐标中的 X、Y 坐标设置为 0，如图 4-40b 所示。

选择数控程序，将工位 1 的程序删除。同工位 1 的调入程序一样，调入工位 2 的所用程序，如图 4-40c 所示。单击"重置模型"工具图标，出现重置 VERICUT 切削模型选项卡，选择"确定"；单击"仿真到末端"工具图标，工位 1 仿真加工完毕；继续单击"仿真到末端"工具图标，则工位 2 仿真加工完毕，如图 4-40d 所示。

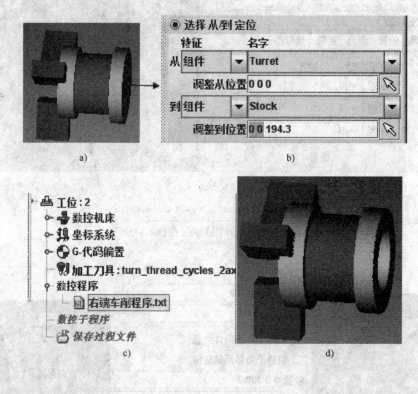

图 4-40 工位仿真加工

三、轴套的仿真铣削加工

1. 输入铣削工位

如图 4-41a 所示，选择项目后单击右键，在弹出的选项卡中选择"输入工位"，则出现"工位输入"对话框，如图 4-41b 所示。在"捷径"中选择"样本"，然后选择样本中的第 7 个文件，单击"输入"按钮，即完成铣削工位的输入，如图 4-41c 所示。

项目四 轴套的数控加工

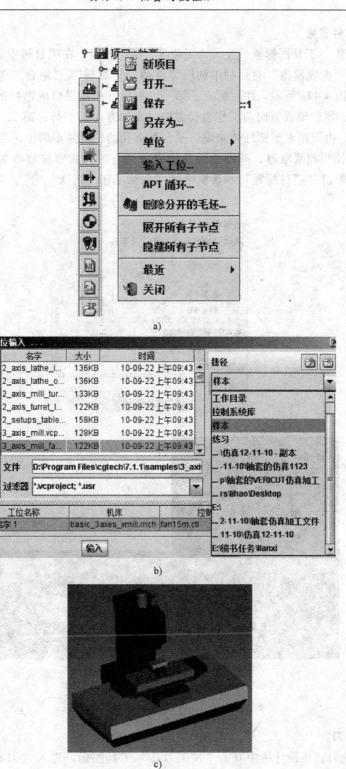

图 4-41 输入铣削工位

2. 调整工件位置

单击"单步"工具图标●，进入"工位3"加工环境，在项目树中展开工位3，用鼠标选择零件，在"配置模型"对话框中利用"移动"、"旋转"、"组合"等功能调整零件、夹具的位置，如图4-42a所示。注意两点：第一，夹具（机用平口虎钳）的放置方向和位置如图4-42b所示，零件轴线方向与工作台长方向（X轴方向）平行；第二，毛坯的放置方向如图4-42c所示。由于相对于圆柱体来说，平台和沉孔的位置并不居中，当对"对刀"、"设置程序原点"等操作找基准时，基准坐标的确定方法与零件放置位置有关，所以要注意毛坯的放置方向。单击"项目配置"对话框中的"保留毛坯的转变"。

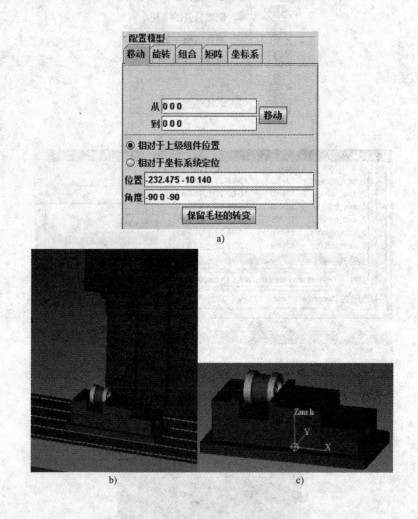

图 4-42 调整工件位置

3. 添加铣刀

1）新建铣刀。在设计树中双击"加工刀具"工具图标，进入"刀具管理器"对话框，如图4-43a所示。将现有刀具删除，然后选择"添加/刀具/新/铣削"，进入"刀具 ID：1"对话框。在对话框中设置刀具直径为10，高为50，刃长为45，刀杆直径为10，如图4-43b所示。

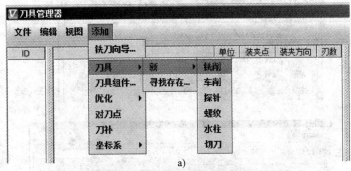

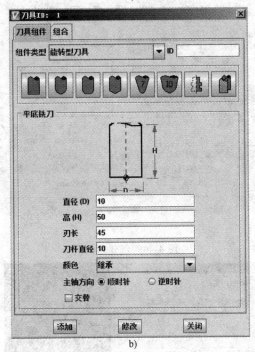

图 4-43 新建刀具

2）新建刀柄。在组件类型中选择"刀柄"，然后选择"旋转面编辑模式"，在编辑界面中编辑刀柄的旋转截面，然后选择"添加"，则完成刀柄的新建，步骤如图 4-44a、b 所示。

3）刀具、刀柄装配。如图 4-45 所示，在刀柄编辑模式下，选择"组合"，然后将刀柄往上移动 50（刀杆长 50），则刀杆刚好安装在刀柄的下表面中心处。

4）选择装夹点。如图 4-46 所示，在"刀具管理器"对话框中，选择刚才新建好的刀具1，选中刀具 1 对应的装夹点方框，然后用鼠标选择装夹点位置（刀柄上表面中心），将刀具文件保存。

4. G 代码偏置

在项目树中选择"代码偏置"，在下方偏置名中选择"程序零点"，然后选择"添加"。在"配置程序零点"对话框中选择"选择从/到定位"，再选择从组件"Tool"到组件"Stock"，单击"Stock"中调整位置后的箭头，然后选择工件上的程序零点。操作步骤从第 1 步到第 5 步如图 4-47a 所示。

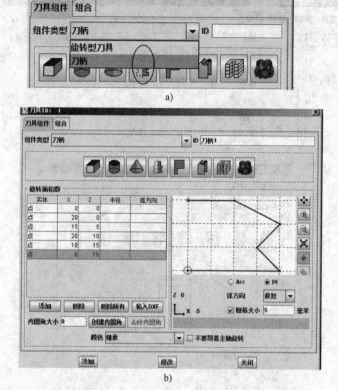

a)

b)

图 4-44　新建刀柄

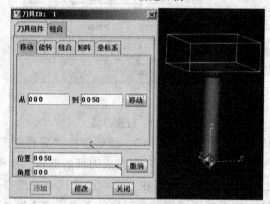

图 4-45　刀柄装配

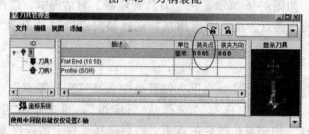

图 4-46　选择装夹点

项目四 轴套的数控加工 **139**

由于在项目四的前半部分内容中，建立铣平台及加工沉头孔刀具路径时，坐标系"1"原点设的是平台的几何中心，这里建立的程序零点应该与之统一，如图4-47b所示。

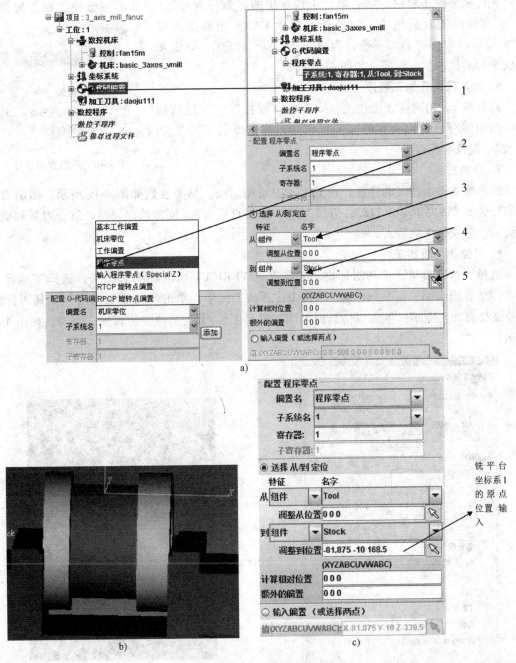

图4-47 G代码偏置

设置程序零点小技巧：先找到零件右端面的几何中心，再向左、向右平移到坐标系1的原点处。步骤如下：完成第5步箭头变成黄色后，用鼠标先单击零件轴线上任一点，确定轴线（右端面中心）的坐标Y、Z值；然后单击零件右端面上任一点，找到右端面中心的X坐标值，再将右端面几何中心坐标值（X, Y, Z），向左平移40.6，向上平移28.5，即输入

（X+40.6，Y，Z+28.5），如图4-47c所示。

5. 输入平台加工程序

先将原来程序删除，然后单击工位3中的"数控程序"，单击右键选择"添加数控程序"，在弹出的对话框中，选择任务四中CAXA制造工程师2008编好的程序"1122—平台程序"，选择"确定"，即添加了铣平台的数控加工程序，如图4-48所示。

6. 输入沉头孔加工程序

同步骤5，用同样方法在工位3中的"数控程序"处添加任务四中编写好的沉头孔的加工程序"1122—25孔程序"和"1122—直径8孔程序"。

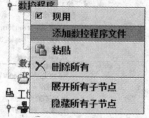

图4-48 添加数控程序

7. 添加钻头

同步骤3添加铣刀的过程，在工位3中添加钻头。钻头参数如图4-49所示：钻削刀具的直径为8，钻尖角度为118°，刃长为50，刀杆直径为8。同理绘制刀柄、组合刀具和确定装夹点，完成钻头的输入。

8. 工位3仿真加工

选择"重置模型"工具图标，出现重置VERICUT切削模型选项卡，选择"确定"。单击"仿真到末端"工具图标，工位1仿真加工完毕；单击"仿真到末端"工具图标，工位2仿真加工完毕；单击"仿真到末端"工具图标，工位3仿真加工完毕，如图4-50所示。

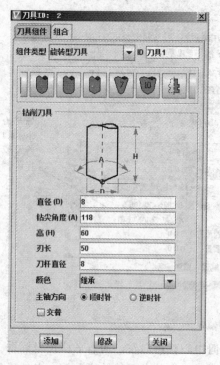

图4-49 钻头参数

图4-50 工位3仿真加工结果

9. 工位 4 仿真加工

复制工位 3，粘贴得到工位 4。单击零件，在"配置模型"对话框中利用"移动"、"旋转"、"组合"等功能调整零件的位置。具体操作如下：选择零件 X 轴为旋转中心，旋转 180°，如图 4-51 所示。单击"项目配置"对话框中的"保留毛坯的转变"。

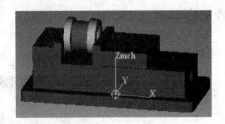

图 4-51 工位 4 零件位置

同工位 3 的步骤 4，做 G 代码偏置。由于刀具、程序均不变，直接单击"仿真到末端"工具图标，完成相对面的平台和沉头孔的仿真加工。

10. 建立工位 5，加工端面孔

复制工位 4，得到工位 5，单击零件，在"配置模型"对话框中利用"移动"、"旋转"、"组合"等功能调整零件的位置。零件轴线与主轴平行，锥孔一端向上。

在"G 代码偏置/程序零点"后选择端面圆心中点为坐标系"2"的坐标原点。

添加端面孔的加工程序"1122—端面孔程序"。

刀具仍然选择直径 $\phi 8mm$ 的钻头。

图 4-52 轴套仿真加工结果

直接单击"仿真到末端"工具图标，完成对工位 5 的仿真。

仿真结果如图 4-52 所示。

四、仿真加工项目保存

1. 保存项目

选择"文件/另存项目为"，则出现"另存项目为…"对话框，选择保存位置和项目名称，单击"保存"按钮，则出现一个". VcProject"的文件，此即为整个项目的项目文件，如图 4-53 所示。

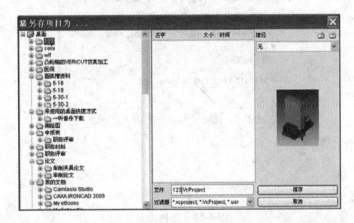

图 4-53 另存项目为

2. 文件汇总

选择"信息/文件汇总"，则出现"文件汇总"对话框，如图 4-54a 所示；选择复制所有文件工具，则出现"复制文件"对话框，如图 4-54b 所示；选择复制到的目录，然后单击

"设置所有、拷贝",则出现"已经存在,重写吗"的对话框,选择"所有全是"即完成文件汇总。

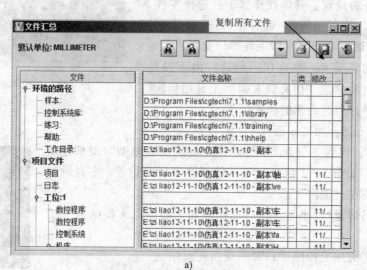

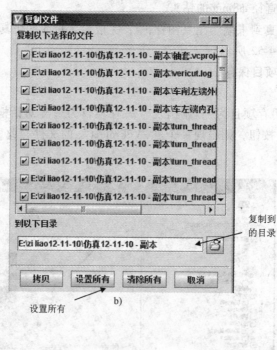

图 4-54 文件汇总

【任务实施】

用 VERICUT 数控仿真软件完成零件的仿真加工,并完成工作单。

工 作 单

任务		轴套的加工	
姓名		同组人	
任务用时		实施地点	
任务准备	资料		
	工具		
	设备		
任务实施	步骤1		
	步骤2		
	步骤3		
	步骤4		
VERICUT的仿真项目文件中机床、系统、刀具、附件各用什么文件保存			
简述在VERICUT仿真软件中如何创建钻头			
简述在VERICUT仿真软件中如何对刀（车、铣）			
零件在实际加工中用到的毛坯，工、量、夹具及附件			
描述实际机床的对刀过程			
总结实际加工中的注意事项			
分析、总结实际加工零件的尺寸			
评语			

项目五　叶轮轴的数控加工

本项目要求完成叶轮轴的建模、加工工艺分析、刀具路径设置、数控程序编制以及仿真加工等任务。通过对该项目的学习，进一步掌握 UG 6.0 软件的特征及特征操作工具条的使用，掌握等高线加工、曲线式铣槽、曲面区域式加工等刀路的设置方法；巩固和掌握数控加工工艺、数控编程、数控仿真加工等相关知识。

任务一　叶轮轴的建模

【任务描述】

根据叶轮轴的零件图，应用 UG6.0 软件，完成叶轮轴零件的建模，如图 5-1 所示。

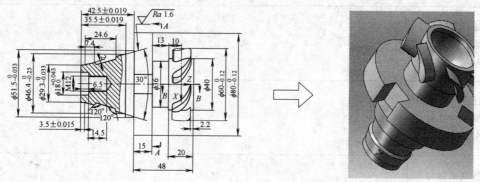

图 5-1　叶轮轴零件图

【知识准备】

一、建模过程分析

根据叶轮轴特征，该零件应先绘制出叶轮轴主体旋转草图，生成主要特征后，再构建 M12 的螺纹沉孔特征，然后构建 SR17 的球面孔，再构建三个定位槽，最后再构建 6 个叶片特征，建模过程如图 5-2 所示。

二、绘制叶轮轴主体草图

1. 创建草图

如图 5-3 所示，选择特征工具条中的"草图"工具，则弹出"创建草图"对话框，在基准坐标系中选择 XZ 构图面，选择"确定"，即生成一个新的在 XZ 构图面的草图（1）。

2. 绘制叶轮轴主体轮廓草图

在草图界面中按住鼠标中键旋转，然后按 <F8> 快捷键，使得构图界面中的 +Z 指向右边，+X 指向下方，如图 5-4a 所示。然后选择"配置文件/对象类型/直线"，以原点为起点（也就是叶轮轴零件图中，叶片根部圆柱的中间），根据零件图，通过长度和角度绘制叶轮

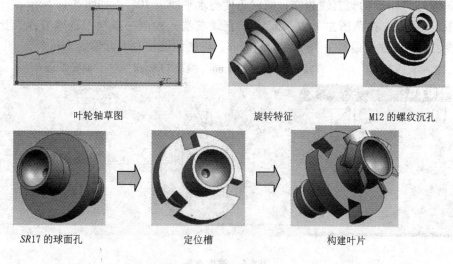

图 5-2 叶轮轴造型流程

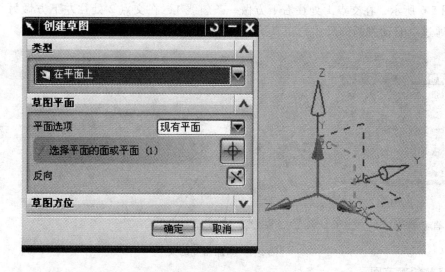

图 5-3 创建叶轮轴主体草图

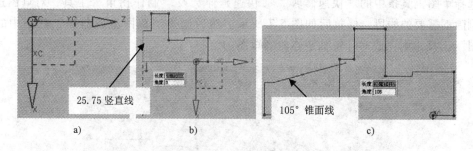

图 5-4 叶轮轴锥面右侧的草图

轴主体的草图曲线,如图 5-4b 所示。在绘制长度为 25.75mm 的竖直线时,应先将鼠标捕捉到原点,然后往左平移鼠标直至出现竖直的自动约束以及显示长度为 25.75、角度为 0 的对话框时,如图 5-4b 所示,单击左键则生成长度为 25.75mm 的竖直线。绘制最后的锥面直线时应保证与 25.75mm 的竖直线相交，同时角度与水平线成 105°，如图 5-4c 所示。

如图 5-5 所示，在草图左上方（3.5mm 直线右端）绘制一条向上的竖直线，让后通过派生直线工具将其往右偏置 7.4mm 和 24.6mm，将锥面线往右下方偏置 2mm。

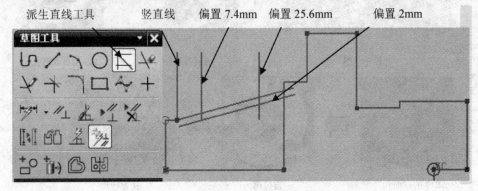

图 5-5　派生直线

如图 5-6 所示，在交点 1 处往右下方做一条斜线 1，在交点 2 处往左下方做另一条斜线 2，然后通过"自动判断的尺寸"工具给两条斜线添加与偏置线 3 成 120°的约束。

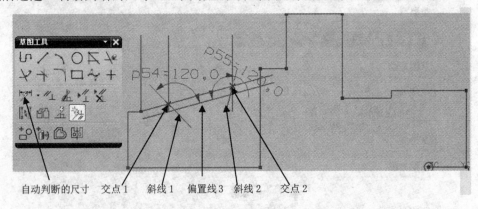

图 5-6　添加角度约束

3. 修剪轮廓草图

选择草图工具条中的"快速修剪"、"快速延伸"及"制作拐角"工具，对草图进行修整及删除不需要的线段，修整后如图 5-7 所示。然后选择"草图生成器"工具条中的"完成草图"工具，则完成对叶轮轴主体轮廓草图的绘制。

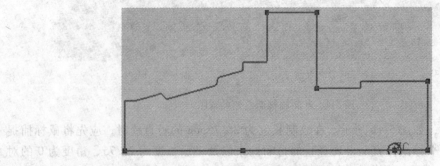

图 5-7　修整后的草图

三、构建叶轮轴主体特征

1. 创建旋转特征

在特征工具条中,选择回转工具,则系统出现回转对话框,在"回转"对话框中选择曲线,即选择已画好的草图1;指定矢量则选择Z轴,角度输入360°;体类型选择实体,其他参数如图5-8a所示。然后选择"确定",即生成如图5-8b所示的实体图。

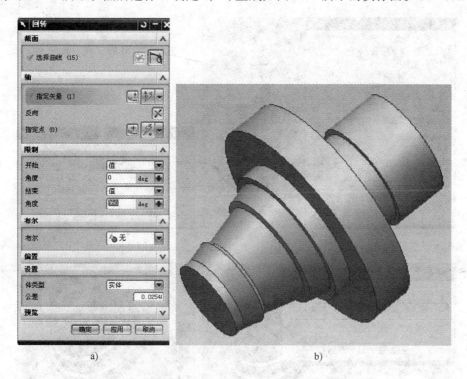

a)　　　　　　　　　　　　　　　　b)

图5-8 创建旋转特征

2. 创建M12的螺纹沉孔

如图5-9所示,选择特征工具条中"向下"的图标,选择"添加或删除按钮/特征/NX5版本之前的孔",则添加了"孔创建"工具。

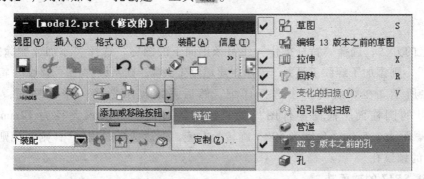

图5-9 添加孔创建工具

选择"孔创建"工具,在弹出的"孔"特征对话框中选择第二个类型——沉头孔(图5-10a)。根据零件图尺寸,输入沉头孔直径为18mm,沉头孔深度为6.5mm,孔径为

10.5mm，孔深度为21mm，尖角为118°。根据系统提示选择锥面端的端面为放置面，然后选择"应用"，则进入孔的"定位"对话框，如图5-10b所示，选择点到点模式，然后选择孔的定位圆，如图5-10c所示，则弹出"设置圆弧的位置"对话框，选择圆弧圆心，选择"确定"，则生成如图5-10d所示的沉孔。沉孔造型完成后在"孔"特征对话框中选择"取消"，完成沉孔的造型。

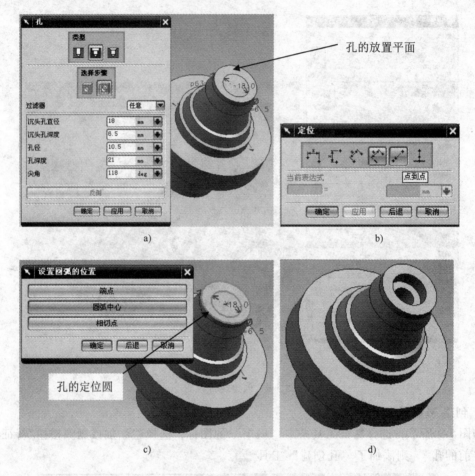

图5-10 创建沉孔

按同上的方法，选择"特征操作"工具条中向下的图标，选择"添加或删除按钮/特征操作/螺纹"，则添加了螺纹工具。选择创建螺纹工具，则系统弹出"螺纹"特征对话框如图5-11a所示。在螺纹类型中选择详细，然后系统提示选择一个圆柱面，这里选择φ10.5mm孔的圆柱面。根据零件图，在"螺纹"对话框中输入大径为12mm，长度为14.5mm，螺距为1.5mm，角度为60°，旋转为右旋，然后选择"确定"，则系统则生成如图5-11b所示的螺纹孔。

3. 创建$SR17$的球面孔

如上所述，根据零件图，在叶片端的端面创建沉孔2，沉头孔直径为34mm，沉头孔深度为3mm，孔径为8mm，孔深度为26mm，尖角为118°，参数设置如图5-12a所示。孔的定位方法还是通过点到点的模式，生成的沉孔如图5-12b所示。

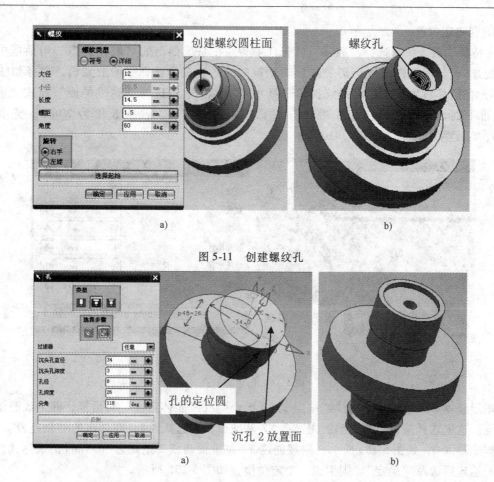

图 5-11 创建螺纹孔

图 5-12 创建沉孔 2

在特征工具条中,选择球特征工具,则系统弹出"球"特征对话框,在"球"特征对话框中选择"中心点和直径"类型,然后选择图 5-13a 中圆 1 的中心为中心点,根据图样输入直径为 34mm,选择布尔为求差,在选择"选择体"时选择为已画好的特征,然后选择"确定",则生成如图 5-13b 所示的 SR17 的球面孔。

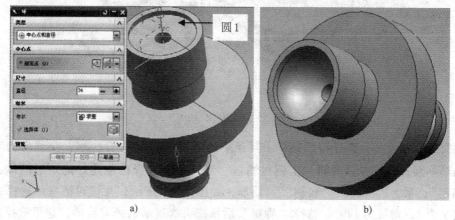

图 5-13 创建球面孔

4. 创建定位槽

在特征工具条中，选择"腔体"特征工具 。在系统弹出的"腔体类型"对话框中选择"矩形"，然后在弹出"矩形腔体"对话框时，系统提示选择平的放置面，选择如图5-14a所示的腔体放置面；然后系统提示选择水平参考，这里选择"基准平面"模式，选择XZ基准平面，系统弹出"矩形腔体"对话框，根据图样，输入长度为20mm，宽度为15mm，深度为15mm，如图5-14b所示。

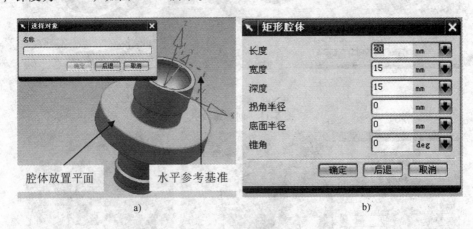

图 5-14 创建球面孔

矩形腔体参数输入后，选择"确定"，系统则生成"腔体定位"对话框，并生成腔体形状预览。这里选择垂直模式，然后先选择XZ基准面，再选择线1，在弹出的"创建表达式"对话框中输入0，如图5-15a所示；同理创建YZ基准面与线2距离为36.5mm的表达式。创建完表达式后选择"确定"，则生成一个定位槽，如图5-15b所示。

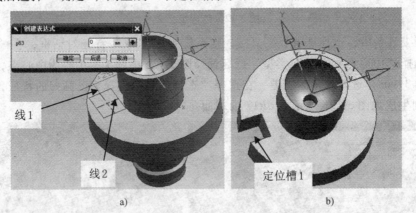

图 5-15 创建定位槽1

构建完定位槽1后，选择特征操作工具条中的"实例特征"工具 ，在弹出的对话框中选择圆形阵列；然后在弹出的"实例过滤器"对话框中选择已创建好的矩形腔体，然后选择"确定"；系统再次弹出"实例"对话框，如图5-16a所示，在该对话框中选择方法为常规，数字为3，角度为120°，选择"确定"后系统再次提示选择旋转轴，这里选择Z基准轴，然后选择"确定"，则生成如图5-16b所示的另外两个定位槽。

项目五 叶轮轴的数控加工   151

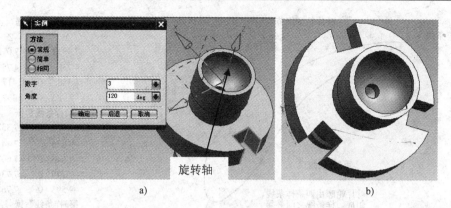

a)　　　　　　　　　　　　　　　　b)

图 5-16　创建其他定位槽

四、构建叶片特征

1. 输入叶片数据

选择"开始/所有程序/附件/写字板",打开"写字板"软件,按零件图顺序输入叶片轮廓点数据,各数据之间用空格隔开,然后将该文件保存在非中文目录下,并将后缀名改为".dat",如图 5-17 所示。

2. 构建叶片轮廓曲线

如图 5-18 所示,在新建的 UG 建模模式下的文件中,选择"插入/曲线/样条",在弹出的"样条"对话框中选择"根据极点",然后在弹出的"根据极点生成样条"的对话框中选择曲线类型为多段,曲线阶次为 3,然后单击"文件中的点"按钮,找到刚才保存过的叶轮数据(后缀名为".dat")文件,则在 XZ 平面生成一条封闭的叶片轮廓曲线,然后在"根据极点生成样条"对话框中选择"取消",然后单击右键选择刷新,则生成如图 5-19 所示的叶片轮廓曲线。

3. 构建叶片拉伸曲面

选择曲线工具条中的基本曲线工具,在弹出的"基本曲线"对话框中选择圆,然后在"跟踪条"对话框中输入圆心坐标为(0,0,0),直径为 60mm(输完后每个值后用 <TAB> 键跳格),然后按下 <ENTER> 键,则生成如图 5-20 所示的整圆。

选择特征工具条中的"拉伸"工具,在弹出的"拉伸"对话框中,选择已画好的 φ60mm 的整圆为截面,选择 Z 轴为拉伸方向,选择结束为对称值,距离为 10mm,体类型为片体,其他参数设置如图 5-21a 所示。选择"确定"后生成拉伸曲面如图 5-21b 所示。

4. 构建叶片特征

如上所述,选择拉伸工具,在弹出的"拉伸"对话框中,选择叶片轮廓线为截面,选择 -Y 轴为拉伸方向;限制开始选择为"直至选定对象"模式,同时选择图 5-22a 中的曲面 1 为开始对象,限制结束也选择为"直至选定对象"模式,同时选择图 5-22a 中的曲面 2 为结束对象;选择布尔为无;选择体类型为实体。选择"确定"后,隐藏曲面及 φ60mm 的整圆,则生成如图 5-22b 所示的叶片 1。

选择标准工具条中的"移动对象"工具,在弹出的"移动对象"对话框中,把生成的叶片 1 选择为移动对象,运动选择为角度,指定矢量选择 +Z;通过点构造器,选择(0,0,0)为轴点;角度输入为 360°;在结果选项中,选择"复制原先的",角度分割为 6,非

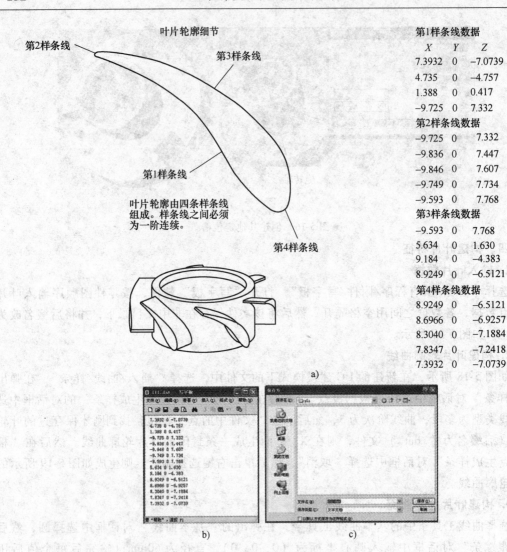

图 5-17　输入叶片数据

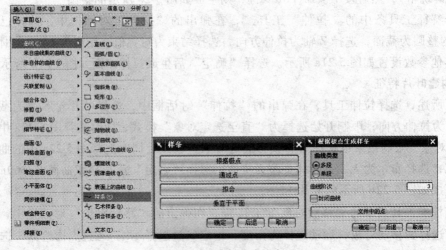

图 5-18　绘制叶片轮廓

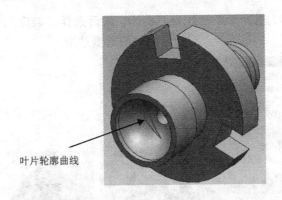

图 5-19　生成的叶片轮廓曲线

叶片轮廓曲线

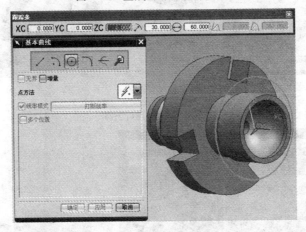

图 5-20　绘制整圆

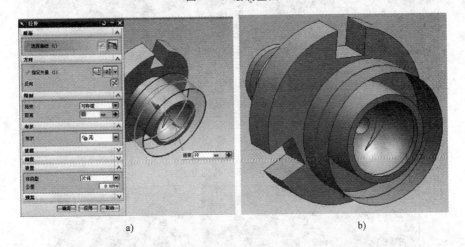

a)　　　　　　　　　　　　　　　　b)

图 5-21　拉伸曲面

关联副本数为 5，如图 5-23a 所示，然后选择"确定"，隐藏叶片轮廓曲线及坐标系后生成如图 5-23b 所示的 6 个叶片。

5. 布尔求和

选择特征操作工具条中的求和工具，如图 5-24a 所示，在弹出的"求和"对话框中选择叶轮轴主体为目标体,选择6个叶片为刀具体,然后选择"确定",则系统将叶片和叶轮轴主体连成一体,如图5-24b所示。至此叶轮轴的造型结束。

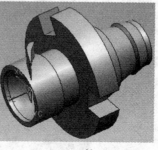

图 5-22 构建叶片1

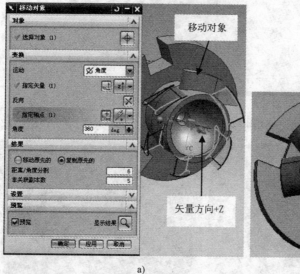

图 5-23 构建其他叶片

图 5-24 叶轮轴求和

【任务实施】

根据零件图，应用 UG6.0 软件完成叶轮轴零件的建模，同时完成工作单。

工 作 单

任务		完成叶轮轴建模	
姓名		同组人	
任务用时		实施地点	
任务准备	资料		
	工具		
	设备		
任务实施	步骤1		
	步骤2		
	步骤3		
	步骤4		
写出完成叶轮轴建模过程中使用到的工具			
描述叶轮轴的建模过程			
通过对该零件建模，对软件及建模技巧有哪些体会			
评语			

任务二 叶轮轴工艺工装分析

【任务描述】

根据现场工作条件，完成叶轮轴零件加工工艺卡及零件数控程序编制。

【知识准备】

一、零件图分析

如图 5-25 所示,叶轮轴零件属于多轴加工零件,需要进行车削、铣削及多次装夹加工来完成。该零件主要特征有:

1)零件有 30°夹角的锥面,并且长度尺寸精度要求高。

2)有 M12 的螺纹沉孔及 SR17 的球面孔。

3)零件三个定位槽之间的定位角度及深度尺寸精度要求高,需保证装配后与轴套零件的三个孔对齐。

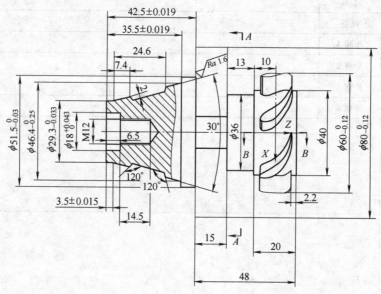

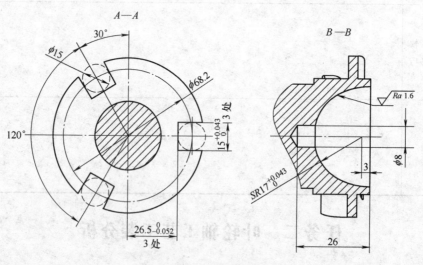

图 5-25 叶轮轴零件

二、叶轮轴加工工艺卡片

叶轮轴零件机械加工工艺过程卡片见表 5-1。

表 5-1 叶轮轴零件机械加工工艺过程卡片

机械加工工艺过程卡		产品型号		零件图号		共 页
		产品名称	YLZ	零件名称	叶轮轴	第 页
材料牌号	2A12	毛坯种类	硬铝合金	毛坯尺寸	φ85mm×95mm	毛坯单件毛重（千克）

工艺简图

工序号	工序名称	工步号	工序、工步内容	设备型号	夹具	刀具与刀号	量具	程序号
1	车削锥面端	1	车削工艺装夹台	SK-40P	自定心卡盘	外圆车刀	游标卡尺、千分尺	
		2	粗车 φ80mm 外圆留 0.5mm 精加工余量	SK-40P	自定心卡盘	外圆车刀		
		3	精车 φ80mm 外圆到图样尺寸要求	SK-40P	自定心卡盘	外圆车刀	游标卡尺、千分尺	
2	车削叶轮端	1	调头装夹工艺台并找正	SK-40P	自定心卡盘		百分表	
		2	粗车 φ60mm×33mm 外圆留 0.5mm 精加工余量	SK-40P	自定心卡盘	外圆车刀	游标卡尺、千分尺	
		3	精车 φ60mm×33mm 外圆到图样尺寸要求	SK-40P	自定心卡盘	外圆车刀	游标卡尺	
		4	车削 φ36mm×13mm 槽到图样尺寸要求	SK-40P	自定心卡盘	车槽刀	游标卡尺	
		5	钻 φ8mm×26mm 不通孔	SK-40P	自定心卡盘	φ8mm 钻头		
3	车削锥面端	1	调头装夹找正 粗车 φ36mm、φ80mm、φ60mm 外圆留 0.5mm 精加工余量	SK-40P	自定心卡盘	外圆车刀	游标卡尺、千分尺	
		2	精车 φ36mm、φ80mm、φ60mm 外圆到图样尺寸要求	SK-40P	自定心卡盘	外圆车刀	游标卡尺	
4	转铣工							
5	铣削叶轮端	1	装夹找正	XHA714	自定心卡盘		百分表	

（续）

机械加工工艺过程卡		产品型号		零件图号		共 页
		产品名称		零件名称	叶轮轴	第 页
材料牌号	2A12	毛坯种类	硬铝合金	毛坯尺寸	φ85mm×95mm	毛坯单件毛重（千克）	

工艺简图：

工序号	工序名称	工步号	工序、工步内容	程序号	设备型号	夹具	刀具与刀号	量具
6	铣削工艺夹口	2	粗铣叶轮留0.2mm余量		XHA714	自定心卡盘	T3φ8mm球刀	游标卡尺
		3	精铣叶轮到图样要求		XHA714	自定心卡盘	T3φ8mm球刀	游标卡尺
		4	粗铣φ80mm圆上的圆柱销槽留0.2mm余量		XHA714	自定心卡盘	T7φ12mm键槽刀	内径千分尺
		5	精铣φ80mm圆上的圆柱销槽到图样要求		XHA714	自定心卡盘	T7φ12mm键槽刀	内径千分尺
7	铣削叶轮端面	1	手动铣削平口钳工艺夹口		XHA714	机用平口虎钳	φ32mm镶片刀	光电对刀仪
		1	装夹工台并找正		XHA714	机用平口虎钳	φ32mm镶片刀	游标卡尺
		2	粗铣右端SR17mm凹圆留0.2mm余量		XHA714	机用平口虎钳	T4φ8mm键槽刀	游标卡尺
		3	精铣右端SR17mm凹圆到图样尺寸		XHA714	机用平口虎钳	T3φ8mm球刀	游标卡尺
8	车削锥面端	1	装夹找正		SK-40P	自定心卡盘		百分表
		2	粗车φ29.3mm、φ51.5mm外圆及锥面，留0.5mm精车余量		SK-40P	自定心卡盘	外圆车刀	游标卡尺、千分尺
		3	精车φ29.3mm、φ51.5mm外圆及锥面		SK-40P	自定心卡盘	外圆车刀	千分尺
		4	钻φ9.8mm×21mm不通孔		SK-40P	自定心卡盘	φ9.8mm钻头	游标卡尺
		5	粗车削里孔φ18mm×6.5mm，留0.5mm精车余量		SK-40P	自定心卡盘	内孔车刀	内径百分表
		6	精车削里孔φ18mm×6.5mm，到图样要求		SK-40P	自定心卡盘	内孔车刀	内径百分表
		7	攻M12内螺纹		SK-40P	自定心卡盘	M12丝锥	环规

【任务实施】

根据零件图,完成工作单1及工作单1和2。

工作单1

任务		完成叶轮轴建模	
姓名		同组人	
任务用时		实施地点	
任务准备	资料		
	工具		
	设备		
任务实施	步骤1		
	步骤2		
	步骤3		
	步骤4		
叶轮轴零件分析报告			
评语			

工作单 2

机械加工工艺过程卡			产品型号		零件图号		共 页
			产品名称		零件名称	叶轮轴	第 页
材料牌号		毛坯种类	毛坯尺寸		毛坯单件毛重(千克)		工艺简图
工序号	工序名称	工步号	工序、工步内容	程序号	设备型号	工艺装备	
						夹具	刀具与刀号	量具

任务三 叶轮轴数控车削程序编制

【任务描述】

根据现场工作条件,完成叶轮轴零件数控车削程序编制。

【知识准备】

一、叶轮端车削程序(见图 5-26 和表 5-2)

图 5-26 叶轮端车削程序示意图

表 5-2 叶轮端车削程序

序号	程序	注释	备注
	%0001	程序名	
N10	T0101	换 90°偏刀	
N20	M03 S1000	主轴正转,1000r/min	
N30	M08	切削液开	
N40	G00 X85 Z2	快速定位到 X85,Z2 位置	
N50	G71 U2 R0.5	运行 G71 粗加工循环,每次切深 2mm	
N60	G71 P70 Q120 U1 F0.2	精加工余量 1mm	
N70	G42 G00 X60 S2000	循环起始段,加入右刀补	
N80	G01 Z-33		
N90	X80		
N100	Z-50		
N110	X84		
N120	G40 G00 X85	循环结束段,取消刀补	
N130	G70 P70 Q120	G70 精加工	
N140	G00 X200 Z200	退刀	
N150	M05	主轴停	
N160	T0202	换 4mm 刀宽的切槽刀	
N170	M03 S5000	主轴正转,500r/min	
N180	M08	切削液开	
N190	G00 X100 Z-24	定位到切槽位置	

(续)

序号	程序	注释	备注
N200	G01 X36	车槽到尺寸	
N210	X85		
N220	Z-28		
N230	X36		
N240	X85		
N250	Z-31		
N260	X36		
N270	X85		
N280	Z-34		
N290	X36		
N300	X85		
N310	Z-37		
N320	X36		
N330	X85	车槽结束	
N340	X100	X方向退刀	
N350	Z50	Z方向退刀	
N360	M05	主轴停	
N370	T0202		
N380	S500 M03		
N390	G00 X100 Z0		
N400	G01 X-1 F0.1	车叶轮端端面	
N410	X100		
N420	Z100		
N430	T0303	换8mm钻头	
N440	S500 M03		
N450	G00 X0 Z100		
N460	G00 Z5		
N470	G01 Z-26 F0.1	钻φ8mm的孔至Z-26处	
N480	G00 Z200	Z方向退刀	
N490	X200	X方向退刀	
N500	T0404	换内孔车刀	
N510	M03 S1000		
N520	M08		
N530	G00 X6 Z2	快速定位到循环起始点	
N540	G71 U1 R0.1	执行G71粗车循环,切深1mm	
N550	G71 P560 Q610 U-1 F0.2	留精加工余量1mm	

（续）

序号	程序	注释	备注
N560	G41 G01 X34 F0.1 S2000	循环起始段，加入左刀补	
N570	G01 X34 Z0 F0.1		
N580	Z-3		
N590	G03 X8 Z-20 R17		
N600	G01 X8		
N610	G40 G01 X8	循环结束段，取消刀补	
N620	G70 P560 Q610	执行 G70 精加工循环	
N630	G00 Z200	退刀	
N640	X200		
N650	M05	主轴停	
N660	M30	程序结束	

二、锥面端车削程序（见图 5-27 和表 5-3）

图 5-27　锥面端车削程序示意图

表 5-3　锥面端车削程序

序号	程序	注释	备注
	%0001	程序名	
N10	T0101	换 90°偏刀	
N20	M03 S1000	主轴正转，1000r/min	
N30	M08	切削液开	
N40	G00 X85 Z2	快速定位到 X85，Z2 位置	
N50	G71 U2 R0.5	运行 G71 粗加工循环，每次切深 2mm	
N60	G71 P70 Q190 U1 F0.2	精加工余量 1mm	
N70	G42 G00 X29.3 S2000	循环起始段，加入右刀补	
N80	G01 Z-3.5		
N90	X33.3 Z-10.9		
N100	X30 Z-12.5		
N110	X38 Z-27.5		
N120	X42.5 Z-28.1		

(续)

序号	程序	注释	备注
N130	X46.39 Z-35.5		
N140	X51.49 C1		
N150	Z-42.5		
N160	X80		
N170	Z-45		
N180	X84		
N190	G40 G00 X85	循环结束段,取消刀补	
N200	G70 P70 Q190	G70 精加工	
N210	X200 Z200	退刀	
N220	M05	主轴停	
N230	T0303	换 10.5mm 钻头	
N240	S500 M03	主轴正转,500r/min	
N250	G00 X0 Z100	定位到 X0,Z100 位置	
N260	Z5	准备钻孔	
N270	G01 Z-21 F0.1	钻孔至 Z-21 位置	
N280	Z200	Z 退刀	
N290	X200	X 退刀	
N300	T0404	换内孔车刀	
N310	M03 S1000		
N320	G00 X10.5 Z10	快速定位到循环起始点	
N330	G71 U1 R0.5	执行 G71 粗车循环,切深 1mm	
N340	G71 P350 Q380 U-1 F0.2	留精加工余量 1mm	
N350	G41 G00 X18 S2000	循环起始段,加入左刀补	
N360	G01 Z-6.5 F0.15		
N370	X11		
N380	G40 G00 X12	循环结束段,取消刀补	
N390	G70 P350 Q380	执行 G70 精加工循环	
N400	G00 Z200	退刀	
N410	X200		
N420	M05	主轴停	
N430	M30	程序结束	

【任务实施】

根据加工工艺编制零件的所有车削程序,同时完成工作单。

工 作 单

任务		完成叶轮轴车削程序编制	
姓名		同组人	
任务用时		实施地点	
任务准备	资料		
	工具		
	设备		
任务实施	步骤1		
	步骤2		
	步骤3		

程序1	程序2

程序3	程序4

任务四　叶片及定位槽刀具路径设置

【任务描述】

根据现场工作条件，用 CAXA 制造工程师 2008 完成叶轮轴中定位槽及叶片的自动编程。

【知识准备】

一、用 CAXA 制造工程师 2008 完成"定位槽"的自动编程

1. 将叶轮轴的".prt"文件转换为".x_t"文件

在 UG6.0 软件中，打开叶轮轴的".prt"文件，选择"文件/导出/Parasolid"，在弹出"导出 Parasolid"对话框中，选中构图面中的叶轮轴，在"要导出的 Parasolid 版本"选项中选择"10.0 – Ug 15.0"，如图 5-28a 所示，然后选择"确定"，在弹出"导出 Parasolid"对话框中，选择要保存的非中文目录，文件名为"ylz.x_t"文件，然后单击"OK"按钮，如图 5-28b 所示。

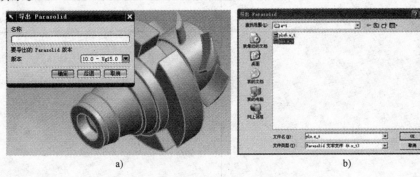

图 5-28　导出".x_t"文件

2. 用 CAXA 制造工程师 2008 软件打开"ylz.x_t"文件

在 CAXA 制造工程师 2008 软件中，选择"文件/打开"，在"打开文件"对话框中找到刚才保存过的文件，然后选择"打开"，即将叶轮轴文件导入到了 CAXA 制造工程师 2008 软件中。导入后结果如图 5-29 所示，+Z 轴与零件轴线平行，同时指向叶轮端。

3. 将叶轮轴实体转换为曲面

选择曲面生成工具条中实体表面工具，在左侧设计树中选择所有表面，然后选中叶轮轴零件，则在所有叶轮轴表面生成曲面。然后将鼠标移至叶轮轴上，当显示实体图标时，单击左键进行选择，然后选择"删除"工具 ⌀，则生成叶轮轴曲面，如图 5-30 所示。

4. 平移曲面

在几何变换工具栏中，选择平移工具 ⚙，将叶轮轴曲面在 Z 轴方向移动 10mm。平移后坐标系原点在叶片端面中心位置，如图 5-31 所示。

5. 旋转曲面

首先以原点为起点，向 Y 轴正方向作一条与 Y 轴重合的竖直线，然后选择几何变换工具栏中的旋转工具 ⚙，将整个叶轮轴绕新建的竖直线旋转 90°。旋转后 +X 轴指向叶轮轴的

项目五 叶轮轴的数控加工

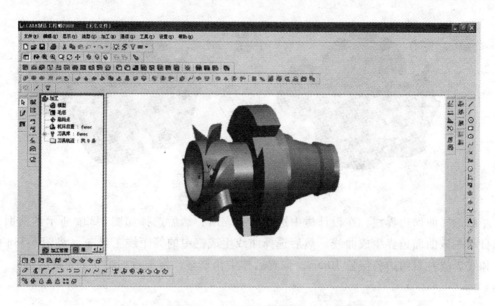

图 5-29 导入制造工程师软件

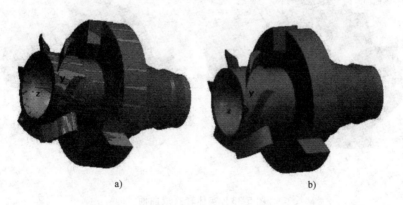

图 5-30 实体转换成曲面

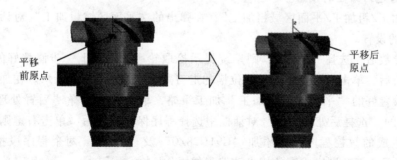

图 5-31 平移曲面

锥面端，同时隐藏竖直线，如图 5-32 所示。

6. 制作加工辅助线

按下 <F9> 键，将工作面选择为 XY 平面，同时单击鼠标中键，将零件旋转成图 5-33 所示位置，使得 +Z 指向的定位槽指向上方。选择曲线生成栏中的"相关线"工具，在

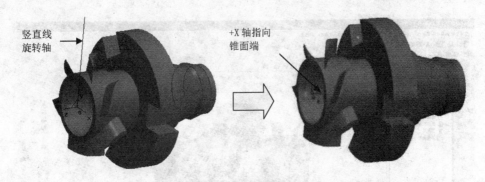

图 5-32 旋转曲面

屏幕左侧选择曲面边界线，在设计树中选择所有表面，然后选择如图 5-33a 所示的曲面，则系统自动在该曲面边界生成曲线。然后选择曲线生成栏中的等距线工具 ⇥，将图 5-33a 中的线 1 和线 2 朝左右两边各偏置 10mm，偏置后作尖角修整，修正后如图 5-33b 所示。

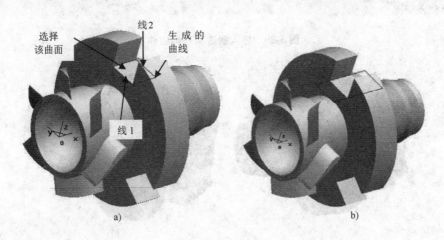

图 5-33 实体转换成曲面

7. 定位槽走刀路径的设置

选择"加工/粗加工/平面区域粗加工"，在弹出的"平面区域粗加工"对话框中完成如图 5-34 所示的设置。

设置完参数后，选择"确定"，则系统提示拾取轮廓。选择上一步修整好的矩形轮廓，选择串联箭头后，单击右键，则生成定位槽的走刀路径，如图 5-35a 所示。在加工管理设计树中，选择设置好的"平面区域粗加工"加工策略，单击右键选择"后置处理/生成 G 代码"，在弹出的"选择后处理文件"对话框中选择程序保存位置后，单击右键则生成数控加工程序。在生成的数控程序开头添加 "G91G28Z0" 及 "T1M6" 两个程序段指令后保存，如图 5-35b 所示。至此则完成定位槽自动编程的操作。

二、用 CAXA 制造工程师 2008 软件完成叶片的自动编程

1. 修整曲面

完成定位槽刀路设置后将"平面区域粗加工"策略及其用到的矩形辅助线隐藏。然后按 <F9> 键，将构图面设置为 YZ 构图面，通过平面旋转工具 ⇪ 将所有曲面绕 X 轴旋转 30°，此时 +Z 上方的叶片将垂直于 XY 平面，如图 5-36a 所示。然后除保留 +Z 上方的一个叶片

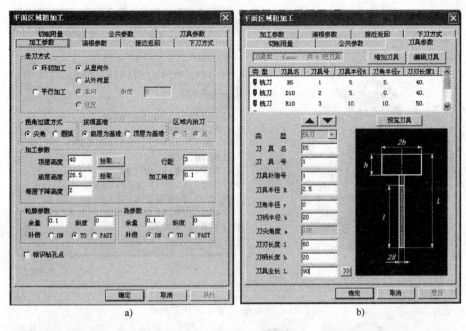

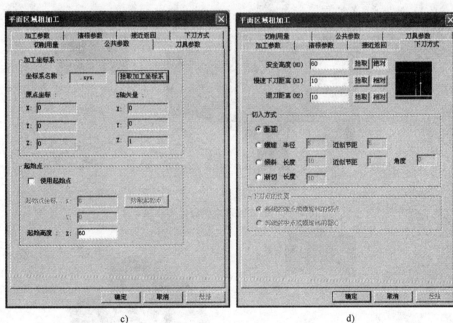

图 5-34 平面区域粗加工参数设置

曲面外,删除剩余其他所有曲面,如图 5-36b 所示。

2. 绘制 ϕ40mm、高 30mm 的圆柱曲面

在 YZ 构图面中,以原点为中心,画 ϕ60mm 的整圆,如图 5-37a 所示。在曲面生成栏中选择"扫描面"工具,在系统提示选择扫描方向时,按 <SPACE> 键选择 +X 为扫描方向,同时在屏幕左侧输入起始距离为 -5,扫描距离为 30,然后选择 ϕ40mm 的整圆后,单击右键则生成如图 5-37b 所示的圆柱曲面。

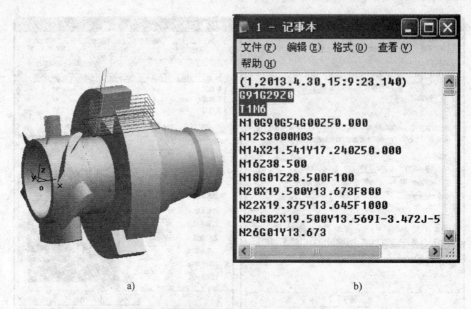

图 5-35 定位槽刀路及后处理程序

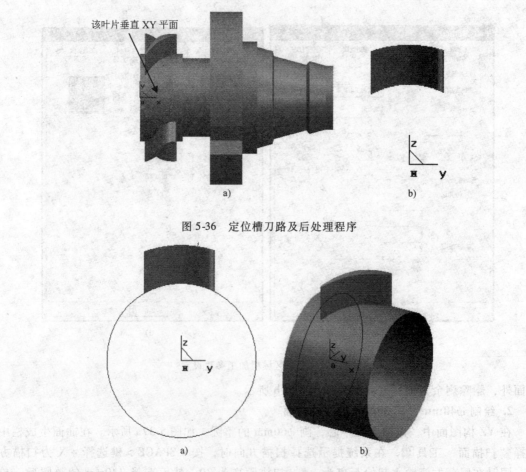

图 5-36 定位槽刀路及后处理程序

图 5-37 创建圆柱曲面

3. 绘制辅助线

该步骤共需绘制五条辅助线。第一条辅助线创建过程为：首先选择曲线生成栏中的"相关线/曲面边界线"，然后选择叶片的上表面，在其周边生成曲线，然后通过"曲线组合"工具 ，将生成的曲线组合成一条封闭的曲线。

第二条辅助线创建过程为：首先按 <F9> 键将构图面改为 XY 构图面，然后选择曲线生成栏中的等距线工具 ，将第一条辅助线往外扩张 2mm。

第三条辅助线创建过程为：将第一条辅助线投影到 φ40mm 的圆柱曲面上，选择曲线生成栏中的"相关线/曲面投影线"，然后选择第一条辅助线为要投影的曲线，选择 φ40mm 的圆柱曲面为投影面，投影方向为 -Z 方向，即生成第三条辅助线。

第四、五条辅助线创建过程为：在第三条辅助线的基础上绕 X 旋转 60°获得第四条辅助线，绕 X 旋转 -60°获得第五条辅助线。这五条辅助线如图 5-38 所示。

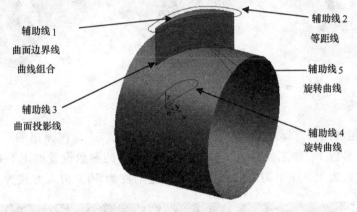

图 5-38　辅助线设计

4. 创建加工区域曲线

在设置叶片刀路时需用一条封闭的曲线限定加工范围，该曲线就是加工区域曲线，创建过程为：先按 <F5> 键进入俯视图界面，按 <F9> 键进入 XY 构图面，然后绘制一个长 30、宽 40 的矩形，中心坐标为 (10, 0)，使得该矩形将所有图素刚好包围起来，如图 5-39a 所

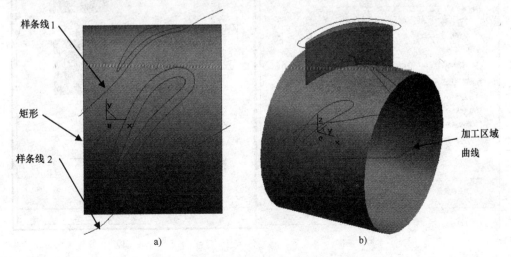

图 5-39　创建加工区域曲线

示;然后在上下两个叶片靠近中间叶片的一侧各绘制一条样条线,通过作尖角对其进行修剪,修剪后选择<F8>键等角视图,则出现如图5-39b所示的加工区域曲线。

5. 设置加工叶片的走刀路径

加工一个叶片共需用到三个加工策略,分别是用等高线粗加工策略去除叶片周边的余量,如图5-40a所示;然后用曲线式铣槽策略对叶片侧面进行精加工,如图5-40b所示;最后用曲面区域式加工策略对叶片根部的圆柱表面进行精加工,如图5-40c所示。(注:加工叶片前该部位已车削为φ60mm的圆柱)

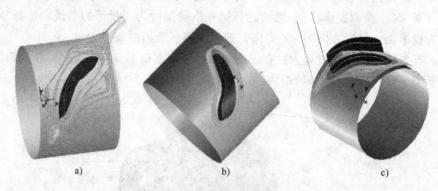

图5-40 叶片加工策略

1)等高线粗加工。选择"加工/粗加工/等高线粗加工",在弹出的"等高线粗加工"对话框中的加工参数1、加工参数2、刀具参数选项卡中的参数设置如图5-41所示。在切入切出选项框中方式为无;在下刀方式选项框中安全高度为50,切入方式为垂直;在加工边

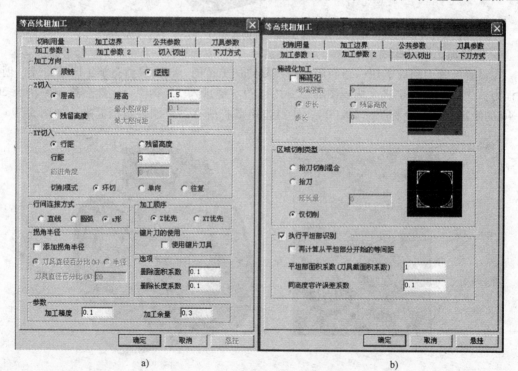

图5-41 等高线粗加工参数设置

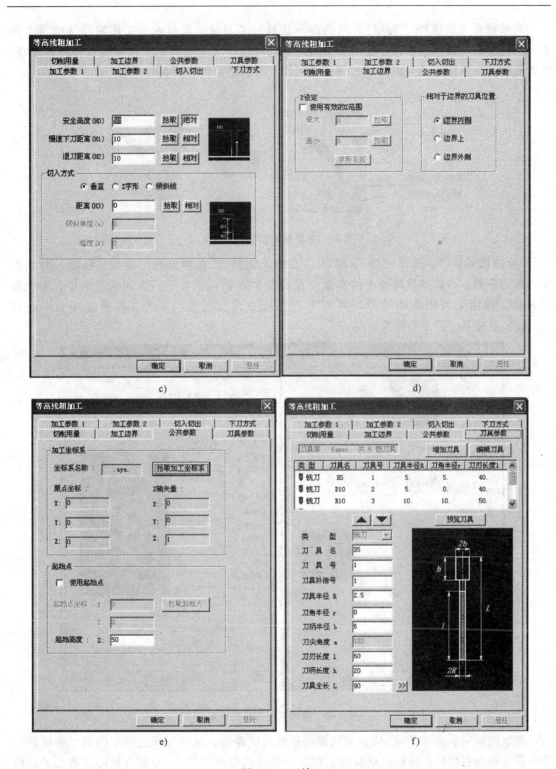

图 5-41 （续）

界选项框中，相对于边界的刀具位置选择边界内侧，Z 设定为不选；在公共参数选项框中选择".sys."坐标系，起始高度为 50。

参数设置完后选择"确定",系统提示选取加工对象,此时通过工作窗口选取所有图素,然后单击右键,系统提示拾取加工边界,此时选择之前做的加工区域曲线并将其串联,单击右键,则系统自动生成叶片的等高线粗加工刀具路径,如图5-42所示。

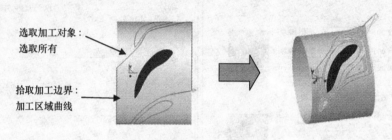

图5-42 等高线粗加工刀路设置

2)曲线式铣槽。选择"加工/槽加工/曲线式铣槽",在弹出的"曲线式铣槽"对话框中,加工参数、刀具参数选项卡的参数设置如图5-43所示。在下刀方式选项卡中,安全高度为60,慢速下刀距离和退刀距离为10,切入方式为垂直;在公共参数选项卡中选择".sys."坐标系,起始高度为50。

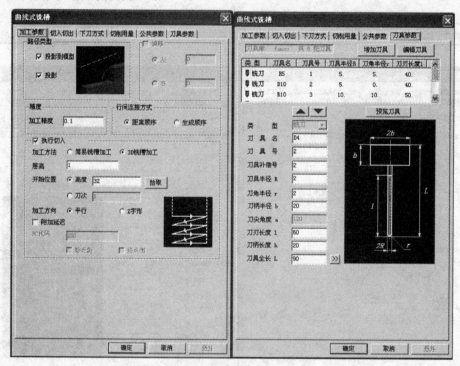

图5-43 曲线式铣槽参数设置

参数设置完后选择"确定",系统提示拾取曲线路径,此时选择之前做的第二条辅助线并串联,单击右键后系统提示拾取加工对象(铣槽的最终位置),此时选取叶片根部的圆柱曲面(ϕ40mm的圆柱曲面),单击右键,则系统自动生成叶片的曲线式铣槽刀具路径,如图5-44所示。

3)曲面区域式加工。选择"加工/精加工/曲面区域精加工",在弹出的"曲面区域式"

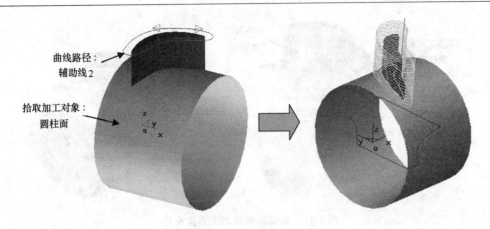

图 5-44 曲线式铣槽刀路设置

加工对话框中，加工参数、刀具参数选项卡的参数设置如图 5-45 所示。在下刀方式选项卡中，安全高度为 40，慢速下刀距离和退刀距离为 10；在公共参数选项卡中选择 ".sys." 坐标系，起始高度为 50。

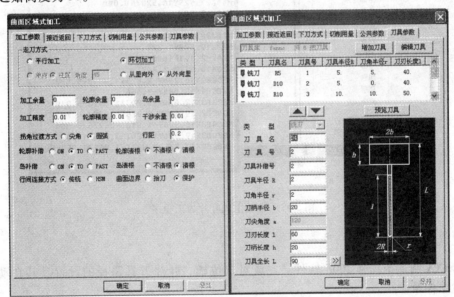

图 5-45 曲面区域式加工参数设置

参数设置完后选择"确定"，系统提示拾取加工对象，此时选取叶片根部的圆柱曲面（φ40mm 的圆柱曲面），单击右键后系统提示拾取轮廓，此时选择之前做的加工区域曲线并将其串联，单击右键后系统提示拾取岛屿，此时选择之前做的第三条辅助线并串联，单击右键，则系统自动生成叶片的曲面区域式加工刀具路径，如图 5-46 所示。

6. 生成叶片加工程序

在加工管理设计树中，选中刀具轨迹文件夹，单击右键选择"后置处理/生成 G 代码"，如图 5-47a 所示，在弹出的"选择后处理文件"对话框中选择程序保存位置后确定，单击右键即生成数控加工程序。在生成的数控程序开头添加 "G91G28Z0" 及 "T1M6" 两个程序段指令后保存，如图 5-47b 所示。至此则完成对叶片自动编程的操作。

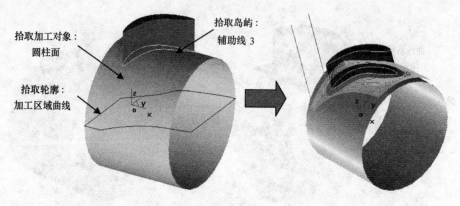

图 5-46 曲面区域式加工刀路设置

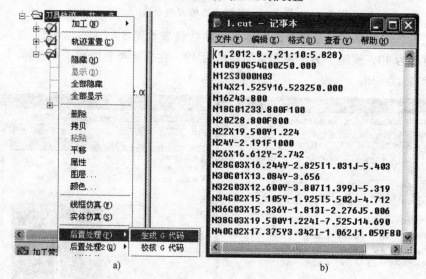

图 5-47 自动生成叶片加工程序

【任务实施】

用 CAXA 制造工程师 2008 软件,完成对定位槽、叶片刀具路径的设置及其自动编程,同时完成工作单。

工 作 单

任务	完成叶轮轴建模		
姓名		同组人	
任务用时		实施地点	
任务准备	资料		
	工具		
	设备		
任务实施	步骤 1		
	步骤 2		
	步骤 3		
	步骤 4		

(续)

任务	完成叶轮轴建模
简述如何将".prt"文件转化为".mxe"文件	
在进行定位槽刀具路径设置时,对坐标系有哪些要求	
完成叶片刀具路径设置要用到哪几种策略,各自的作用是什么	
评语	

任务五 叶轮轴的加工

【任务描述】

用 VERICUT 数控仿真软件,完成叶轮轴零件的加工。

【知识准备】

一、叶片端车削仿真加工

1. 设置工作目录

新建一个文件夹命名为"ypdcx",将光盘提供的"数控车削仿真加工资料—VERICUT"文件夹中的所有资料复制到"ypdcx"文件夹中。打开 VERICUT 软件,选择"文件/工作目录",将工作目录设置为"ypdcx"文件夹后选择"确定",则之后保存或提取文件时都将默认在该文件夹中进行,如图 5-48 所示。

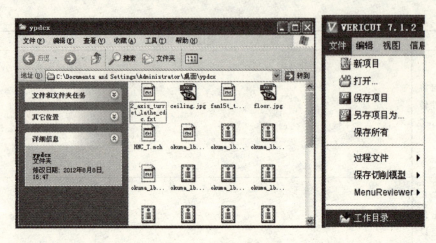

图 5-48 设置工作目录

2. 新建项目

选择"文件/新项目",在弹出的"新的 VERICUT 项目"对话框中,选择毫米和从一个模板开始,如图 5-49a 所示,然后选择"ypdcx"文件夹中的车削加工.VcProject 文件,即将仿真加工所需的系统、机床、刀具文件输入到仿真软件中,如图 5-49b 所示。

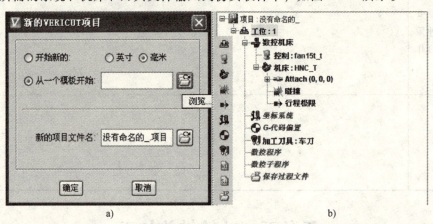

图 5-49 新建项目

双击左侧设计树中的"加工刀具:车刀",则进入"刀具管理器:车刀"对话框,该文件配备有 6 个刀具,如图 5-50 所示。

序号	名称	备注
1	外圆车刀 1	
2	外圆车刀 2	
3	钻头	$\phi 8mm$
4	内孔车刀	
5	外圆槽刀	刀宽 4mm
6	外螺纹车刀	60°

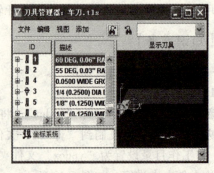

图 5-50 刀具管理器

3. 新建毛坯

在左侧设计树中选择"工位 1/数控机床/机床：HNC-T/Attach/Fixture/模型/Stock"，然后单击右键选择"添加模型/圆柱"，在其下方配置模型的模型选项框中输入高为 90，半径为 42.5，如图 5-51a 所示，则在机床中添加一圆柱毛坯，如图 5-51b 所示。

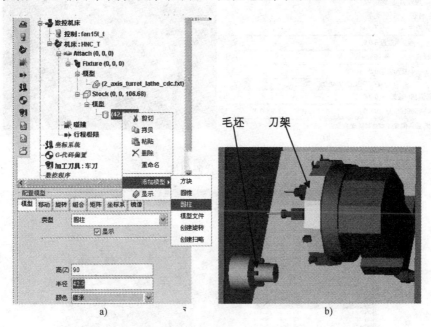

图 5-51 添加毛坯

4. 添加坐标系统

选择项目树中的"坐标系统"，在下方弹出的"配置坐标系统"对话框中，选择"添加新的坐标系"，在位置坐标中输入（0，0，0），则生成新的"Csys1"坐标系，如图 5-52 所示。

5. G 代码偏执（对刀）

在项目树中选择"G 代码偏执"，在下方配置 G-代码偏置中，偏置名选择程序零点，子系统名选择 Turret，其他默认，然后选择"添加"，则出现"配置程序零点"对话框，如图 5-53a 所示。在"配置程序零点"对话框中设置从"组件 Turret 到组件 Base"，然后选择"Base"下方的调整到位置图标，再选择毛坯右端面中心，如图 5-53b 所示，则系统自动将毛坯右端面中心的坐标存储在 Base 的调整到位置的坐标中。至此则完成对刀。

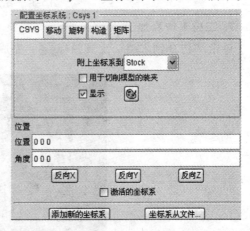

图 5-52 添加坐标系

6. 添加数控程序

选择项目树中的数控程序，接着单击右键选择添加数控程序文件，出现数控程序选项卡，过滤器设置为所有文件，找到第一个工位所用的加工程序，双击该所用程序，然后选择"确定"，如图 5-54 所示。

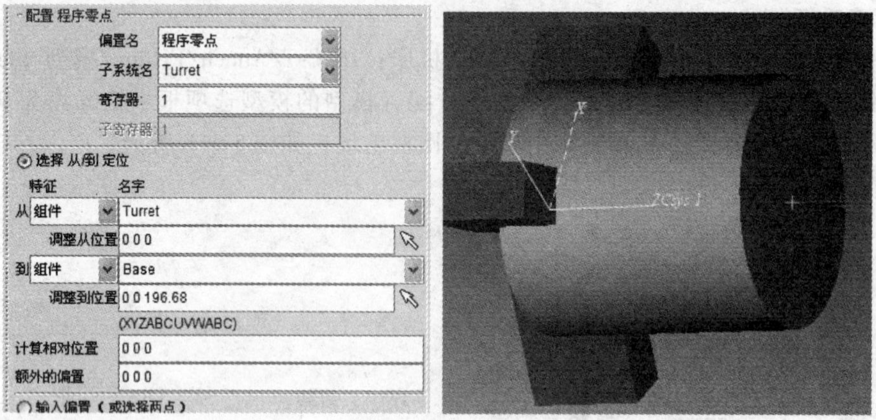

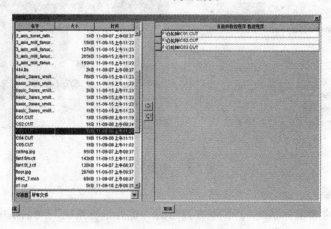

图 5-53　G 代码偏执

图 5-54　添加数控程序文件

7. 工位 1 仿真加工

单击"仿真到末端"工具图标，完成工位 1 的仿真加工，如图 5-55 所示。

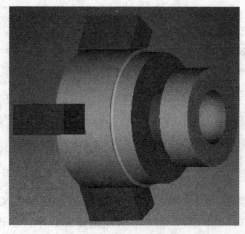

图 5-55　工位 1 仿真加工

二、定位槽及叶片仿真加工

1. 输入四轴加工工位

在左侧项目树中选择项目，然后单击右键选择输入工位，在弹出的"工位输入"对话框中找到教材提供的"四轴仿真加工资料——VERICUT"文件，选择"四轴加工"文件，然后选择工位1输入，则在左侧项目树种添加了"四轴加工：1"工位，如图 5-56 所示。

2. 单步运行至工位 2

选择进展工具条中的单步工具图标 ●，将程序运行到第二个工位的开始。

3. 添加坐标系统

如前所述，新建坐标系 Csys2，坐标系原点如图 5-57 所示，在四轴旋转盘中心（光标移至附近自动能捕捉到旋转盘中心），+X 轴指向工作台右方，+Z 指向上方。

4. 装夹毛坯

选中毛坯，在"配置模型"中先选择"组合"右边的配对箭头 ，然后

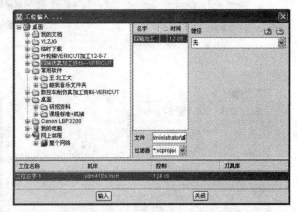

图 5-56　添加四轴加工工位

选中零件未加工端端面，再选中旋转盘表面，则零件未加工端的端面自动与旋转盘表面贴合，同时在零件位置将自动生成定位坐标，如图 5-58 所示。

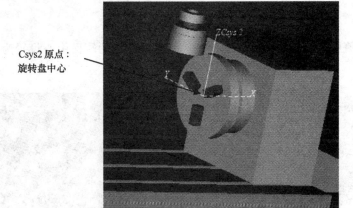

图 5-57　新建坐标系 Csys2

此时再将 Csys2 坐标系中的 Y、Z 坐标值复制到零件位置的 Y、Z 坐标值中，则系统自动将零件自动定位到旋转盘中心，如图 5-59 所示，最后在"配置模型"对话框中选中保留毛坯的转变。

5. G 代码偏执（对刀）

首先删除项目树中"代码偏置中"的所有内容，然后添加程序零点偏置。在"配置程序零点"对话框中选择"从组件 Tool 到组件 Stock"，然后选择"Stock"下方的调整到位置图标 ，选中叶轮端面，如图 5-60 所示，再将 Csys2 坐标系中的 Y、Z 坐标值复制到零件位

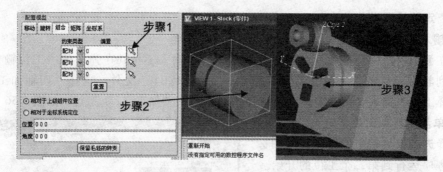

图 5-58 装夹毛坯 1

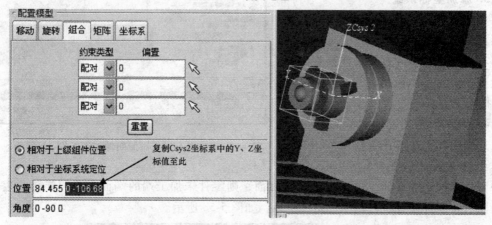

图 5-59 装夹毛坯 2

置的 Y、Z 坐标值中，然后按 <ENTER> 键，则将叶轮端的端面中心设置为程序零点。至此则完成对刀。

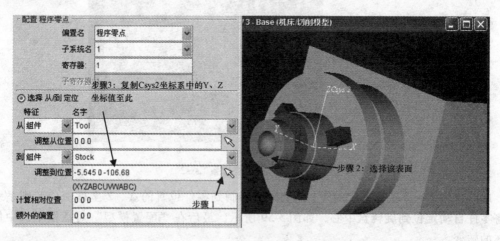

图 5-60 G 代码偏执

6. 新建刀具

双击项目树中的"加工刀具"，在弹出的"刀具管理器：铣刀"对话框中新建 $\phi 5mm$ 的立铣刀和 $\phi 4mm$ 的球头刀，并设置好装夹点，如图 5-61 所示，然后将文件保存至工作目录中。

项目五　叶轮轴的数控加工

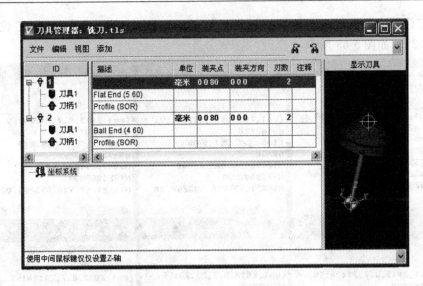

图 5-61　新建刀具

7. 输入程序

将定位槽加工的程序保存为程序名"dwc1"，然后再复制另外两个文件"dwc2"、"dwc3"，在"dwc2"文件中加入程序段"G0A120"，在"dwc3"文件中加入程序段"G0A240"，如图 5-62 所示。

图 5-62　定位槽加工程序

同理将叶片加工的程序保存为文件名"yp1"，然后再复制另外五个文件"yp2"、"yp3"、"yp4"、"yp5"和"yp6"。在"yp2"文件中加入程序段"g0a60"，在"yp3"文件中加入程序段"g0a120"，在"yp4"文件中加入程序段"g0a180"，在"yp5"文件中加入程序段"g0a240"，在"yp6"文件中加入程序段"g0a300"，如图 5-63 所示。

8. 工位 2 仿真加工

单击仿真工具图标 ，完成工位 2 的仿真加工，如图 5-64 所示。

三、锥面端车削仿真加工

1. 输入车削加工工位 2

在左侧项目树中选择项目，然后单击右键选择输入工位，在弹出的"工位输入"对话框中找到教材提供的"数控车削仿真加工资料-VERICUT"文件，选择"车削加工"文件，然后选择工位1输入,则在左侧项目树种添加了"车削加工"工位,将其工位名称改为"车削加工2",如图5-65所示。

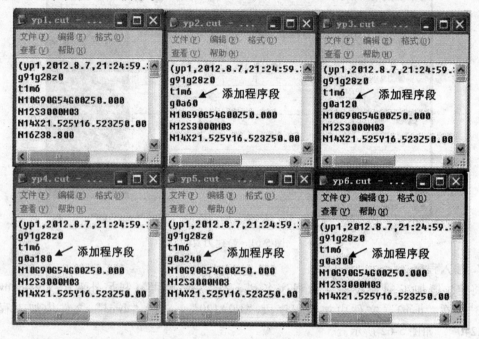

图5-63 叶片加工程序

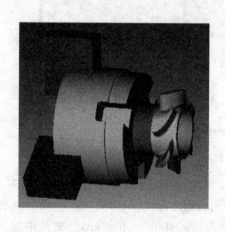

图5-64 工位1仿真加工

图5-65 添加车削加工2工位

2. 单步运行至工位3

选择进展工具条中的"单步"图标, 将程序运行到第三个工位的开始。

3. 添加坐标系统

如前所述,新建坐标系 Csys3,坐标系原点为系统默认值,机床主轴的旋转中心,如图5-66所示。

4. 添加卡爪

如图 5-67a 所示，在项目书中将三爪文件"2_axis_turret_lathe_cdc.fxt"隐藏，同时选择"工位：车削加工 2/数控机床/机床/Attach/Fixture/模型"，再单击右键选择"添加模型/模型文件"，找到教材提供的数控车削仿真加工资料-VERICUT 文件夹中的"kazhua1.stl"、"kazhua2.stl"、"kazhua3.stl"三个文件，添加完后如图 5-67b 所示。

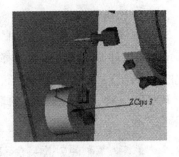

图 5-66　新建坐标系 Csys3

5. 装夹毛坯

选中零件，在配置模型中先选择组合右边的配对箭头，然后选中叶片端面，再选中数控车床主轴端面，则零件未加工端的端面自动与主轴端面贴合，同时将零件位置坐标中的 X、Y 值都改为 0 后，按 <ENTER> 键，最后在"配置模型"对话框中选中"保留毛坯的转变"，即完成零件装夹，如图 5-68 所示。

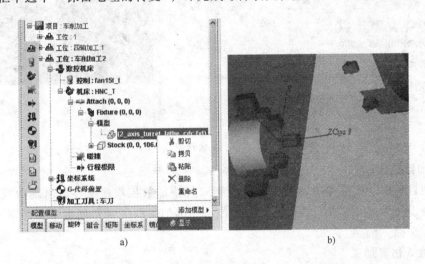

图 5-67　添加卡爪

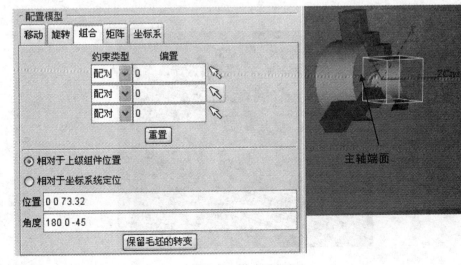

图 5-68　装夹毛坯 3

6. G 代码偏执（对刀）

选中"代码偏置"，添加"程序零点"偏置，在"程序零点"对话框中选择"组件 Turret 到组件 Stock"，然后选择 Stock 下方的调整到位置图标，然后选中锥面端端面（未加工端端面），如图 5-69 所示，再将 Stock 下的调整到位置中的 X、Y 值都改为 0 后，按 <ENTER> 键，则将锥面端的端面中心设置为程序零点。至此则完成对刀。

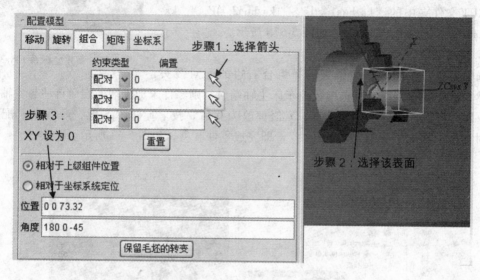

图 5-69 G 代码偏执

7. 添加数控程序

选择项目树中的数控程序，然后单击右键选择添加数控程序文件，出现数控程序选项卡，过滤器设置为所有文件，找到第三个工位所用的加工程序（锥面端车削程序），双击该所用程序，选择"确定"。

8. 工位 3 仿真加工

单击"仿真到末端"图标，完成工位 3 的仿真加工，如图 5-70 所示。

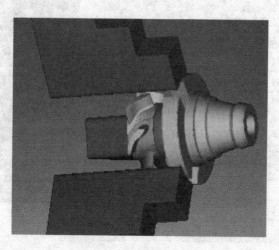

图 5-70 工位 3 仿真加工

项目五 叶轮轴的数控加工

【任务实施】

根据工艺方案，应用 VERICUT 仿真软件完成叶轮轴零件的仿真加工，并完成工作单。

工 作 单

任务		完成叶轮轴的仿真加工	
姓名		同组人	
任务用时		实施地点	
任务准备	资料		
	工具		
	设备		
任务实施	步骤1		
	步骤2		
	步骤3		
描述加工叶片时的对刀流程			
描述创建刀具过程			
如何进行文件汇总			
评语			

项目六 拓展训练——"大力神杯"多轴数控加工

"大力神杯"为复杂异形零件,需要在多轴机床上完成加工,如图 6-1 所示。本项目要求完成"大力神杯"的加工工艺分析、刀具路径设置、多轴加工等。通过对该项目的学习,初步掌握多轴数控加工工艺知识,掌握 PowerMILL2012 加工策略的设计,了解海德汉 iTNC530 数控系统编程、操作等知识,能操作 DMU60monoBLOCK 多轴机床完成零件的加工。

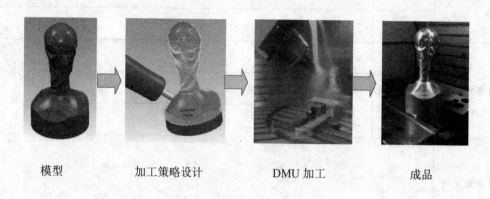

模型　　　　加工策略设计　　　　DMU 加工　　　　成品

图 6-1　项目六工作过程示意图

任务一　"大力神杯"零件工艺工装分析

【任务描述】

了解多轴加工工艺知识,根据零件特征、加工情境,完成零件工艺工装方案的制订,如图 6-2 所示。

图 6-2　任务 1 示意图

【知识准备】

一、认识多轴加工

1. 多轴加工

所谓多轴加工，就是在原有三轴加工的基础上增加了旋转轴的加工。旋转轴的定义为：把绕 X 轴的旋转轴称为 A 轴，把绕 Y 轴的旋转轴称为 B 轴，把绕 Z 轴的旋转轴称为 C 轴，如图 6-3 所示。

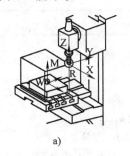 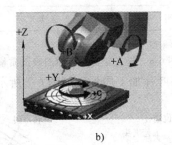 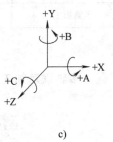

a)   b)   c)

图 6-3 多轴加工

a) 三轴机床 b) 多轴机床 c) 旋转轴

2. 多轴加工特点

1）能加工复杂形面，能加工模具形面、叶片形面、整体叶轮等，如图 6-4 所示。

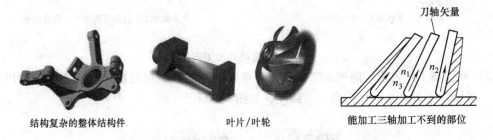

结构复杂的整体结构件   叶片/叶轮   能加工三轴加工不到的部位

图 6-4 加工复杂形面

2）能提高加工质量。

① 加工浅平面时，利用球刀加工，倾斜刀具轴线后可以提高加工质量和切削效率，如图 6-5 所示。

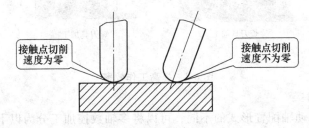

图 6-5 提高加工质量

② 可以提高变斜角平面质量。多轴加工利用端刃和侧刃切削，使得变斜角平面的表面质量提高，如图 6-6 所示。

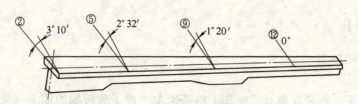

	刀具加工部位	加工模式	表面质量
三轴加工	端面	分层	差
多轴加工	侧刃	连续	好

图 6-6 提高变斜角平面的表面质量

③ 多轴联动加工可以提高叶片加工质量,如图 6-7 所示。

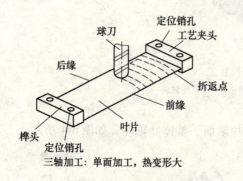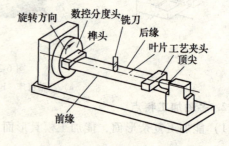

图 6-7 提高叶片加工质量

3) 能提高工作效率。能提高工作效率表现在:能充分利用切削速度,能充分利用刀具直径,可以减小刀具长度,提高刀具强度,如图 6-8 所示。

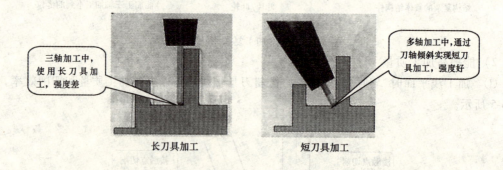

图 6-8 提高工作效率

3. 多轴加工的分类

根据多轴机床运动轴配置形式的不同,可以将多轴数控加工分为以下几种:

1) 四轴联动加工。四轴联动加工是指在四轴机床(比较常见的机床运动轴配置是 X、Y、Z、A 四轴)上进行四根运动轴同时联合运动的一种加工形式。四轴加工能完成如图 6-9 所示的零件以及类似零件的加工。

图 6-9 四轴联动加工

2)"3+1"轴加工。"3+1"轴加工也可以说是四轴定位加工。它是指在四轴机床上，实现三根运动轴同时联合运动，另一根运动轴间隙运动的一种加工形式，图 6-10 所示零件就可以通过四轴加工来完成。

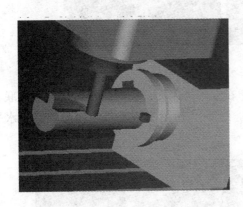

图 6-10 "3+1"轴加工

3)五轴联动加工。五轴联动加工也叫连续五轴加工。它是指在五轴机床上进行五根运动轴同时联合运动的切削加工形式。五轴联动加工能加工出诸如发动机整体叶轮、整体车模一类形状复杂的零（部）件，如图 6-11 所示。

图 6-11 五轴联动加工

4) 五轴定位加工。五轴定位加工也叫定位五轴加工,可分为"3+2"轴加工和"4+1"轴加工。

① "3+2"轴加工。"3+2"轴加工是指在五轴机床(比如 X、Y、Z、A、C 五根运动轴)上进行 X、Y、Z 三轴联合运动,另外两根旋转轴(如 A、C 轴)固定在某一角度的加工。"3+2"轴加工是五轴加工中最常见的加工方式,能完成大部分侧面结构的加工。五面体加工机床实现的就是一种简单的"3+2"轴加工方式。图6-12 所示为五轴机床倾斜刀轴进行"3+2"轴加工的实例。

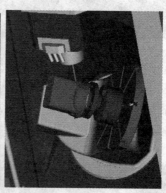

图 6-12 "3+2"轴加工

② "4+1"轴加工。"4+1"轴加工是指在五轴机床上,实现四根运动轴同时联合运动,另一根运动轴作间歇运动的一种加工形式。图 6-13 所示为五轴机床将刀轴置于水平状态对锥体进行精加工的实例。

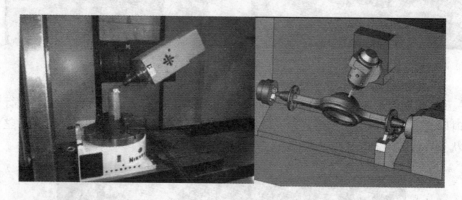

图 6-13 "4+1"轴加工

二、"大力神杯"工艺工装分析

1. 定义毛坯及装夹方案

如图 6-14 所示,"大力神杯"零件的外表面为不规则曲面,需用多轴机床完成加工,根据三维模型,该零件的最大直径为 79.957mm,高度为 152.775mm。

为保证加工余量及装夹,设定毛坯尺寸及材料为 $\phi 80mm \times 195mm$(铝合金);装夹方案采用机用平口虎钳装夹,同时在加工前先铣出两个深度为 35mm 的装夹平面;零件的程序原点及对刀原点为毛坯的上表面中心,如图 6-15 所示。

项目六 拓展训练——"大力神杯"多轴数控加工 193

图 6-14 毛坯尺寸

图 6-15 零件装夹

2. "大力神杯"加工工艺方案

"大力神杯"的加工采用 PowerMILL 软件进行加工策略设计,使用 DMU60monoBLOCK 多轴数控机床进行加工。由于"大力神杯"零件要求的表面质量高,所以对该零件采取粗加工、半精加工、精加工的工艺流程;同时在加工过程中为避免机床主轴头与工作台的干涉,采用"刀轴界限"措施,使刀轴角度界限为 40°~90°。其加工流程见表 6-1。

表 6-1 加工流程

序号	工步内容	加工策略（PowerMILL）	加工余量/mm	刀具	加工策略坐标系	程序	图示
1	粗加工左侧	模型区域清除	0.3	D12R2	坐标系 1-40	O1	
2	粗加工右侧	模型区域清除	0.3	D12R2	坐标系 2-40	O2	

(续)

序号	工步内容	加工策略（PowerMILL）	加工余量/mm	刀具	加工策略坐标系	程序	图示
3	半精加工1	直线投影精加工	0.3	BN8	坐标系1	O3	
4	半精加工2	直线投影精加工	0.1	BN6	坐标系1	O4	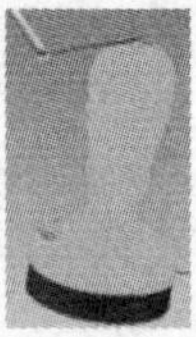
5	精加工	直线投影精加工	0	BN4	坐标系1	O5	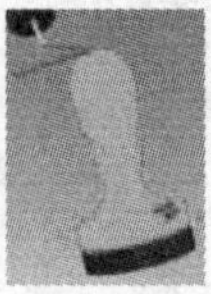
6	顶部精加工	螺旋线精加工	0	BN4	顶部坐标系	O6	
7	刻字	参考线精加工	-0.1	D6 雕刻刀	雕刻坐标系	O7	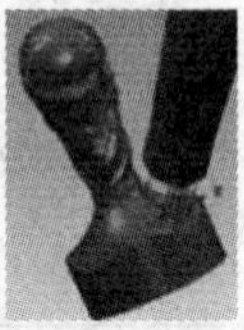

【任务实施】

根据实际加工情境，完成工作单。

工 作 单

机械加工工艺过程卡				产品型号		零件图号		共 页
				产品名称		零件名称		第 页
材料牌号		毛坯种类		毛坯尺寸		毛坯单件毛重（千克）		
工序号	工序名称	工步号	工序、工步内容	程序号	设备型号	工艺装备		工艺简图
						夹具	刀具与刀号	量具

任务二 "大力神杯"加工策略设计

【任务描述】

该任务要求应用 PowerMILL、CAD/CAM 软件完成"大力神杯"零件加工策略的设计，完成刀具路径设置，并生成海德汉 iTNC530 数控系统识别的数控程序。通过对该任务的学习，了解多轴加工工艺知识，掌握 PowerMILL 软件加工策略设置流程及模型区域清除、直线投影精加工、螺旋线精加工、参考线精加工等加工策略的设置方法。零件的刀具路径设置流程见表 6-2。

表 6-2 刀路设置流程

	毛坯	粗加工	半精加工		精加工	
加工阶段						
加工策略		模型区域清除	直线投影精加工		螺旋线精加工	参考线精加工

【知识准备】

一、粗加工策略设置

"大力神杯"的粗加工采用"模型区域清除"加工策略,分别对圆柱毛坯的左右两端进行粗加工。在策略设置过程中需新建两个坐标系。

1. 打开源文件

打开 PowerMILL 软件,同时选择"文件/打开项目",选择大力神杯源文件,如图 6-16 所示。

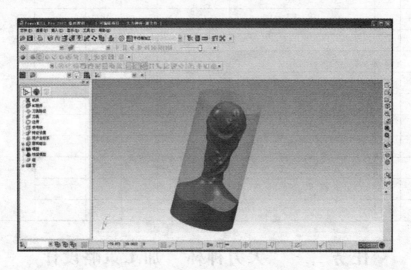

图 6-16 打开源文件

2. 新建坐标系 1-40

在资源管理器中,选择用户坐标系,单击右键选择产生用户坐标系,即产生一个新的坐标系,将其命名为坐标系 1(与世界坐标系重合)。将其绕 Y 轴旋转 -90°,使其 X 轴与世界坐标系的 Z 轴重合,如图 6-17a 所示,然后将其绕 Y 轴旋转 40°则生成坐标系 1-40,如图 6-17b 所示。

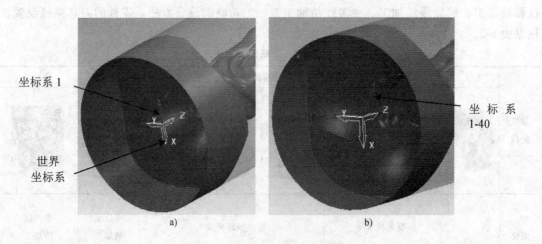

a)   b)

图 6-17 新建"坐标系 1-40"

3. 新建刀具

在资源管理器中，选择刀具，单击右键选择"产生刀具/刀尖圆角端铣刀"，在"刀尖圆角端铣刀"对话框中完成粗-D12R2 刀具的设置，如图 6-18a 所示。根据实际情况添加夹持后，设置刀具显示为阴影，如图 6-18b 所示。同时根据加工需要，分别新建表 6-3 所示的刀具。

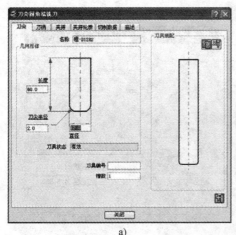

a)　　　　　　　　　　　b)

图 6-18　新建刀具

表 6-3　刀具列表

序号	刀具名称	类型	参数/mm
1	粗-D12R2	刀尖圆角端铣刀	长 60
2	半精 1-BN8	球头铣刀	长 40
3	半精 2-BN6	球头铣刀	长 40
4	精-BN4	球头铣刀	长 40
5	精-BN1.6	雕刻刀	长 40

4. 新建辅助平面 1

激活坐标系 1，选择"模型/产生平面/自毛坯"，在弹出的"输入平面的 Z 轴高度"对话框中输入 -3，则新建一平面，如图 6-19 所示。

5. 设置模型区域清除加工策略

激活坐标系 1-40，选择刀具策略工具图标，在弹出的"策略选取器"对话框中，选择"三维区域清除和模型区域清除"。在弹出的"模型区域清除"对话框中输入刀具路径名称为粗加工 1，选择坐标系为坐标系 1-40，刀具为粗-D12R2；完成如图 6-20a 所示

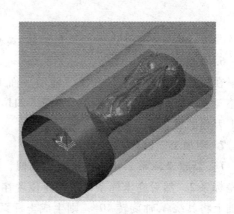

图 6-19　新建辅助平面 1

选项框的设置;在"刀轴"选项卡中选择垂直;在快进高度选项卡中完成图6-20b所示的设置后,选择"计算";在切入切出和连接选项卡中完成如图6-20c所示的设置;开始点选择为第一点安全高度,结束点选择为最后一点安全高度,然后选择"计算",则生成如图6-20d所示的刀路。

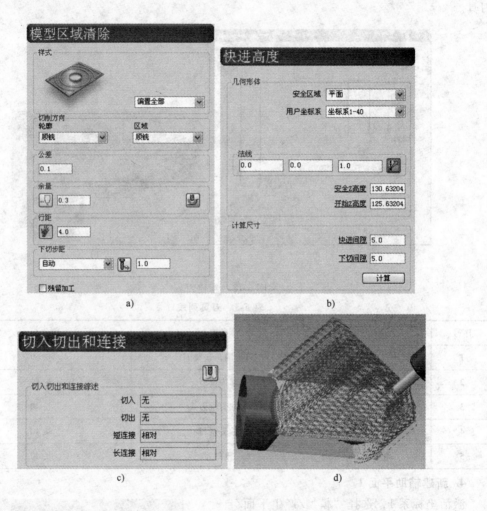

图6-20 模型区域清除加工策略

6. 修剪刀路

在粗加工1刀路中,选择"辅助平面1"以下的刀路,单击右键选择"编辑/删除已选刀路",则将选择的刀路删除,如图6-21b所示。修剪刀路后删除辅助平面1,则完成粗加工1刀路的设置。

7. 粗加工2设置

1)新建坐标系2-40。同步骤2相似,在激活坐标系1的基础上将其绕X轴旋转180°获得坐标系2,然后在坐标系2下新建位置在Z轴上等于-3的辅助平面2,然后在坐标系2的基础上将其绕Y轴旋转40°,则生成坐标系2-40,如图6-22所示。

2)新建粗加工加工策略。激活坐标系2-40坐标系,选择粗加工1,单击右键选择设置,

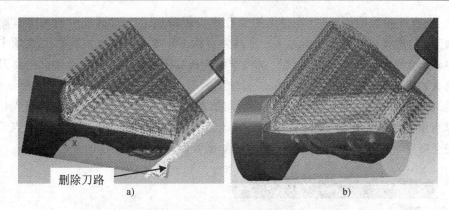

图 6-21 修剪刀路

图 6-22 新建坐标系 2-40

在弹出的"模型区域清除"对话框中选择"基于此刀具路径产生一新的刀具路径"工具图标 ▦，则复制出一新的模型区域清除刀具路径，将其命名为"粗加工 2"。同时将对话框中"用户坐标系"及"快进高度"选项框中的坐标系改为"坐标系 2-40"，选择"计算"即生成另一面的刀路。生成刀路后和步骤 6 一样，删除辅助面 2 以下的刀路后，删除辅助面 2，即完成粗加工 2 的刀具路径设置，如图 6-23 所示。

二、半精加工策略设置

1. 半精加工 1

激活坐标系 1-40，选择刀具策略工具图标 ▦，在弹出的"策略选取器"对话框中，选

图 6-23 设置粗加工 2 刀路

择"精加工/直线投影精加工"。在弹出的"直线投影精加工"对话框中输入刀具路径名称为半精加工1,选择坐标系为坐标系1,刀具为半精1-BN8;在"直线投影"选项卡中完成如图6-24a所示的设置;在"参考线"选项卡中完成如图6-24b所示的设置;在"刀轴"选项卡中完成如图6-24c所示的设置;在"刀轴限界"选项卡中完成如图6-24d所示的设置;在"快进高度"选项卡中完成如图6-24e所示的设置后,选择"计算";在"切入切出和连接"选项卡中完成如图6-24f所示的设置;开始点选择为第一点安全高度,结束点选择为最后一点安全高度,然后选择"计算",则生成如图6-24g所示的半精加工1的刀路。

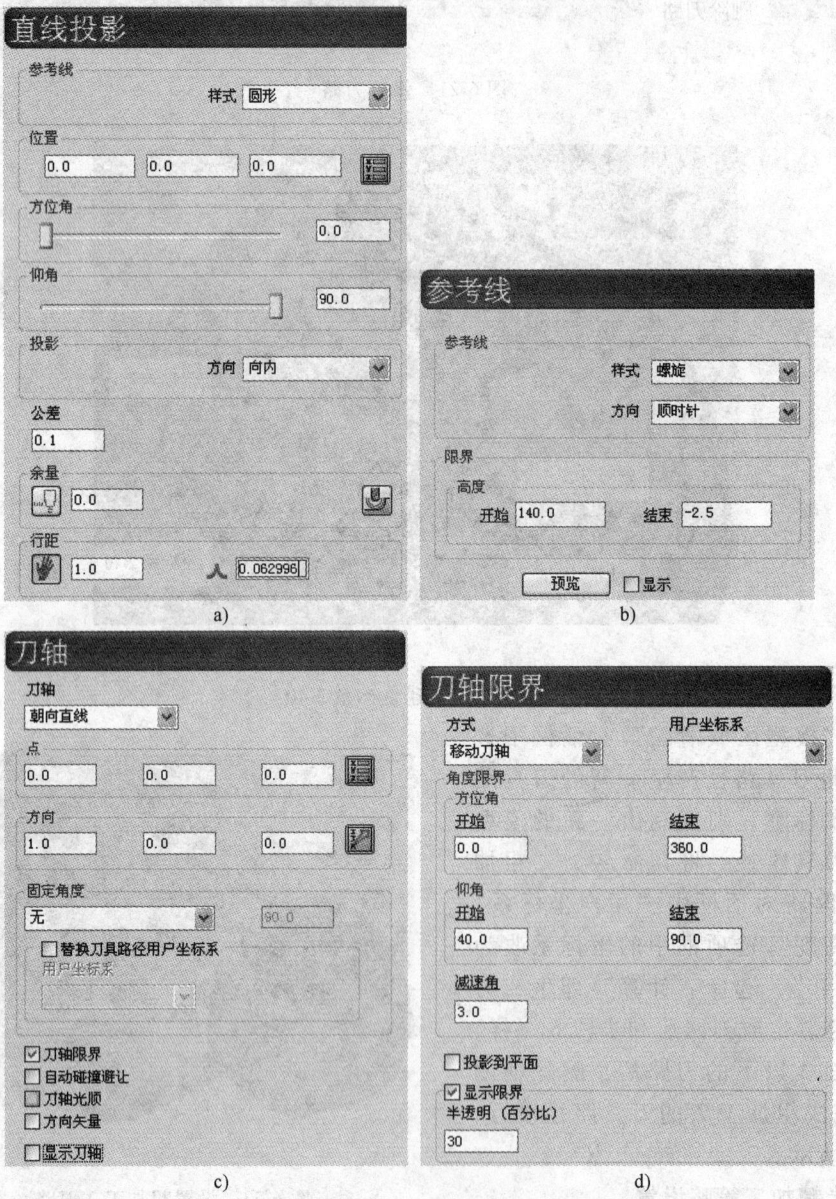

图6-24 半精加工1刀路设置

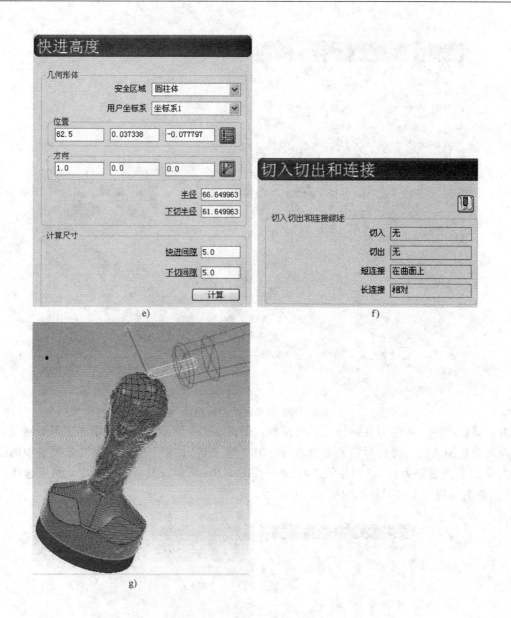

图 6-24 半精加工 1 刀路设置（续）

2. 半精加工 2

选择半精加工 1，单击右键选择设置，在弹出的"直线投影精加工"对话框中选择"基于此刀具路径产生一新的刀具路径"工具图标，则复制出一新的直线投影精加工刀具路径，将其命名为"半精加工 2"。同时将对话框中的刀具改为"半精 2-BN6"，将直线投影选项卡中的公差设为 0.03，余量设为 0.1，行距设为 0.3，如图 6-25a 所示。然后选择"计算"，即生成半精加工 2 的刀路，如图 6-25b 所示。

三、精加工策略设置

1. 整体精加工

选择半精加工 1，单击右键选择设置，在弹出的"直线投影精加工"对话框中选择基于

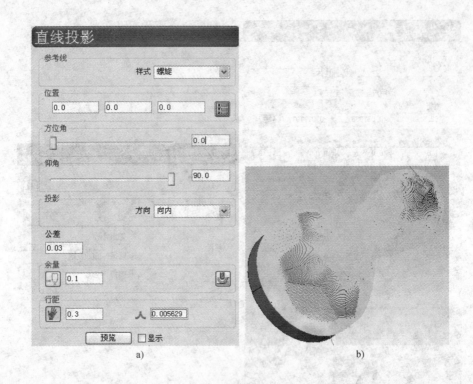

图 6-25 粗加工 2 刀路设置

此刀具路径产生一新的刀具路径工具图标,则复制出一新的直线投影精加工刀具路径,将其命名为精加工。同时将对话框中的刀具改为"精-BN4",将"直线投影"选项卡中的公差设为 0.01,余量设为 0.0,行距设为 0.08,如图 6-26a 所示,其余选项不变。然后选择"计算",即生成精加工的刀路,如图 6-26b 所示。

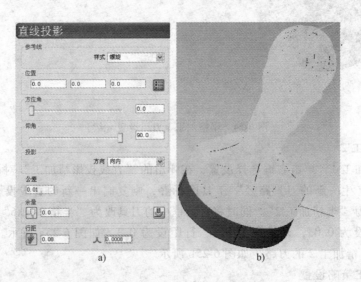

图 6-26 整体精加工刀路设置

2. 顶部精加工

1) 新建顶部坐标系。在所有坐标系都处于非激活的情况下，新建与世界坐标系重合的顶部坐标系，如图6-27所示。

2) 新建顶部加工边界。选择资源管理器中的边界，单击右键选择"定义边界/用户定义"，在弹出的"用户定义边界"对话框中，选择"勾画"工具图标◎，在弹出的"勾画"工具条中选择产生圆形工具图标◎，在弹出的圆形工具条中输入10，在下端"输入坐标位置"中输入（0 0 0）后按〈ENTER〉键，则生成一个圆形的加工边界，如图6-28所示。然后选择"√"（接受），则完成顶部加工边界的新建。

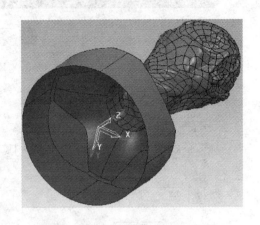

图6-27 顶部坐标系

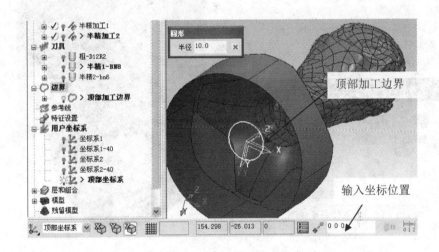

图6-28 新建顶部加工边界

3) 新建顶部精加工刀路——螺旋精加工。在激活"顶部坐标系"及"顶部加工边界"的模式下，选择刀具策略工具图标，在弹出的"策略选取器"对话框中选择"精加工/螺旋精加工"。在弹出的"螺旋精加工"对话框中输入刀具路径名称为顶部精加工，选择坐标系为顶部坐标系，刀具为精-BN4；在"裁剪"选项卡中选择顶部加工边界、保留内部；然后完成如图6-29a所示的设置；在"刀轴"选项卡中选择垂直，固定角度为无；在"快进高度"选项框中完成如图6-29b所示的设置后，选择"计算"；在"切入切出和连接"选项卡中完成如图6-29c所示的设置；开始点选择为第一点安全高度，结束点选择为最后一点安全高度，然后选择"计算"，则生成如图6-29d所示的顶部精加工的刀路。

四、雕刻加工

打开带有参考线文字的"大力神杯"零件，该零件上的文字采用"参考线精加工"策略进行雕刻，为此需要新建雕刻坐标系。

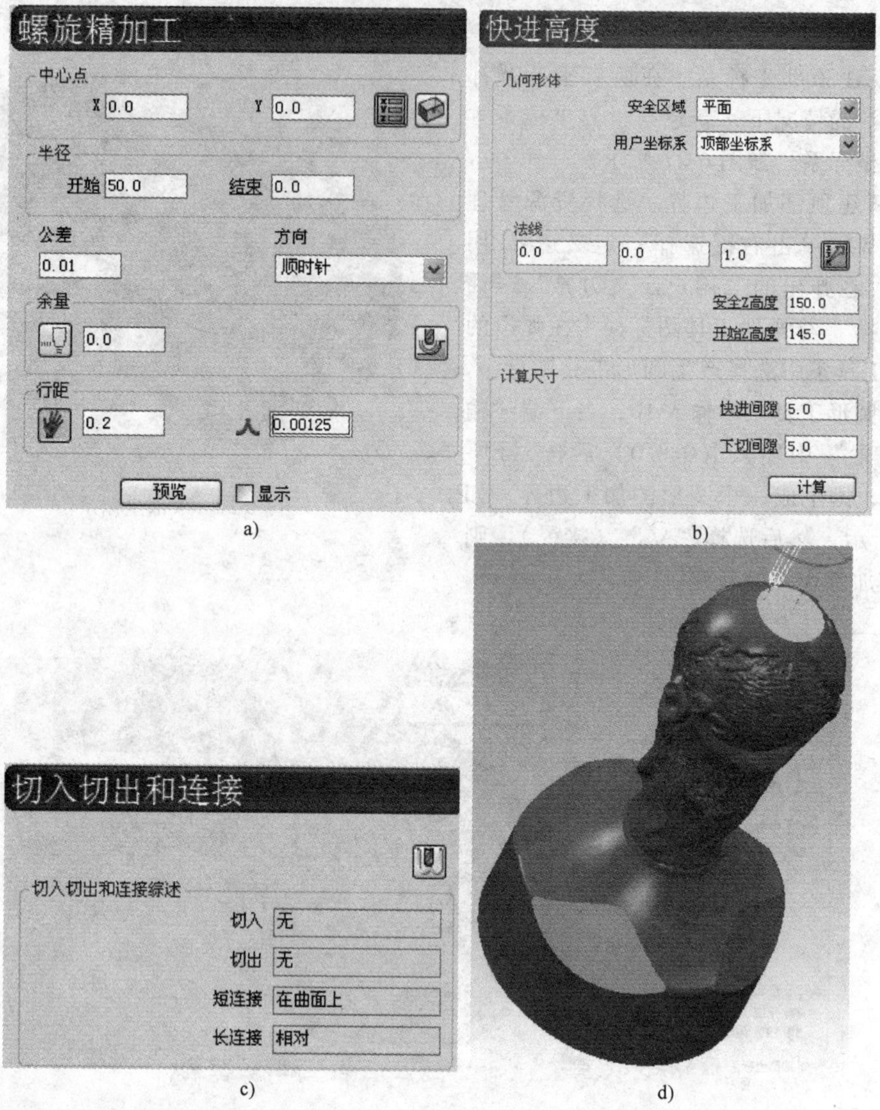

图 6-29 顶部精加工刀路设置

1. 新建雕刻坐标系

在资源管理器中,选择用户坐标系,单击右键选择产生用户坐标系,则产生一个新的坐标系。选择坐标系工具条中的"和几何形体对齐并重新定位"工具图标,选中参考线文字平面中心位置,然后再选择 Z 轴旋转工具图标,将坐标系绕 Z 轴旋转 -90°,选择"√",则完成了雕刻坐标系的新建,如图 6-30 所示。

2. 文字雕刻加工刀路——参考线精加工。

在激活雕刻坐标系及要加工文字参考线的模式下,选择刀具策略工具图标,在弹出的"策略选取器"对话框中,选择"精加工/参考线精加工"。在弹出的"参考线精加工"对话框中输入刀具路径名称为雕刻加工,选择坐标系为雕刻坐标系,刀具为精-BN1.6;在"裁剪"选项卡中选择 None;在"参考线精加工"选项卡中完成如图 6-31a 所示的设置;在"刀轴"选项卡中选择垂直,固定角度为无;在快进高度选项卡中完成如图 6-31b 所示的设置后,选择"计算";在"切入切出和连接"选项卡中完成如图 6-31c 所示的设置;开始点

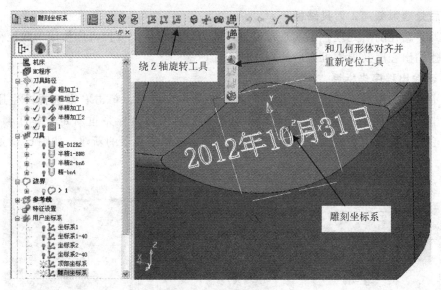

图 6-30 新建雕刻坐标系

选择为第一点安全高度,结束点选择为最后一点安全高度,然后选择"计算",则生成如图 6-31d 所示的参考线精加工的刀路。

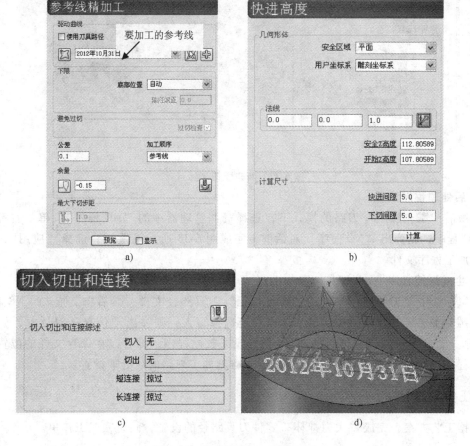

图 6-31 参考线精加工刀路设置

五、后处理雕刻加工刀具路径

完成刀具路径的后处理，也就是将设置好的刀具路径生成数控机床使用的数控程序，为此需要新建输出程序及提供机床后处理文件。

1. 新建输出程序坐标系

在显示毛坯的模式下，选择资源管理器中的用户坐标系，单击右键选择产生用户坐标系，选择坐标系工具条中的"使用毛坯和对齐于激活用户坐标系重新定位"工具图标，然后选中毛坯上表面中心位置，选择"√"，即完成雕刻坐标系的新建，如图6-32所示。

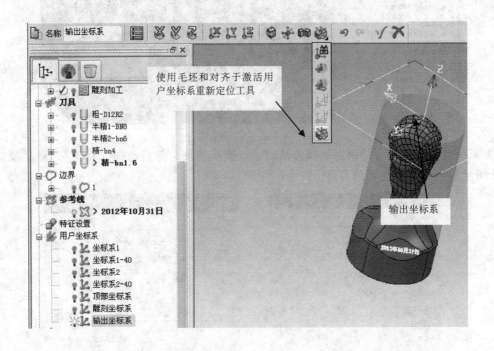

图6-32　新建雕刻坐标系

2. 后处理程序设置

在激活"雕刻加工"刀路的模式下，选择资源管理器中的"NC程序"，单击右键选择产生NC程序，则弹出"NC程序"对话框，完成图6-33所示设置后，选择"应用"，则生成雕刻加工程序文件。

3. 生成数控程序

用鼠标选中"刀具路径"中的"雕刻加工"刀具路径文件，然后将其拖入"NC程序"中的"雕刻加工"程序文件中，然后单击右键选择写入，则弹出"信息"对话框，如图6-34a所示，若其提示"已进行后处理"，则生成了数控程序，即可以在保存文件的位置打开该数控程序，如图6-34b所示。这样就完成了雕刻加工刀路的后处理设置。

【任务实施】

根据工艺方案，完成"大力神杯"零件刀具路径的设置，同时完成工作单。

项目六 拓展训练——"大力神杯"多轴数控加工

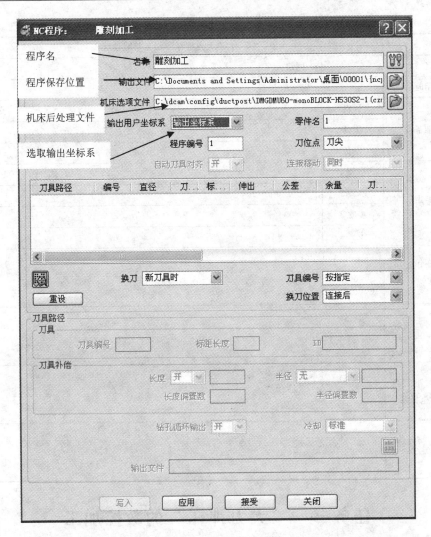

图 6-33 NC 程序对话框

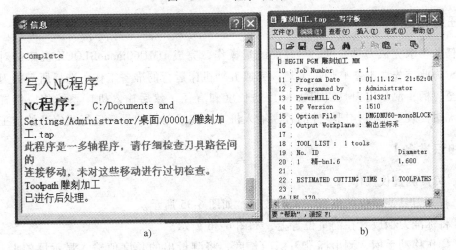

a)   b)

图 6-34 后处理信息

工 作 单

任务	"大力神杯"加工策略设计		
姓名		同组人	
任务用时		实施地点	
任务准备	资料		
	工具		
	设备		
任务实施	步骤1		
	步骤2		
	步骤3		
	步骤4		
该零件共用到几种加工策略			
如何控制刀轴界限			
如何在毛坯上表面中心新建坐标系			
评语			

任务三 "大力神杯"的数控加工

【任务描述】

该任务要求完成刀具长度、半径的测量操作，完成DMU60monoBLOCK机床的对刀及加工操作。为此首先要准备好加工毛坯；完成五轴机床运行的准备工作，选择所需的刀具并正确安装至刀柄；测量出刀具（带刀柄）的长度和直径，然后输入机床系统相应位置；用机用平口虎钳安装好工件；把零件的程序输入机床；完成对刀；最后运行程序开始加工。

【知识准备】

一、刀具测量仪操作

1）打开刀具测量仪的电源、荧屏按钮，如图6-35所示。

2）将标准刀柄放置在测量位置上，如图6-36所示。

3）操作移动手柄，测出标准刀柄的长度，将测量出的长度值输入显示屏的L位置处，如图6-37所示。

项目六 拓展训练——"大力神杯"多轴数控加工

图 6-35 打开电源

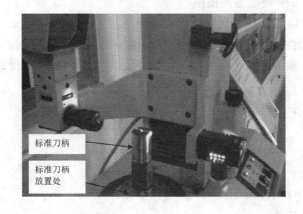

图 6-36 安装标准刀柄

图 6-37 测量标准刀柄长度

4）取下标准刀柄，换上要测量长度的刀具，将刀投射到投影屏上，让刀尖的最高处和投影屏上的标准线重合，这时显示屏上的 L 值就是刀具的长度，如图 6-38 所示。

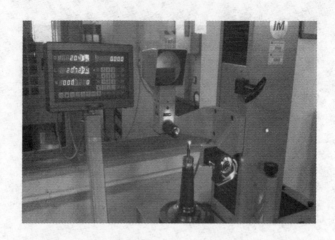

图 6-38 测量刀具

二、海德汉 iTNC530 数控系统操作

1. 海德汉 iTNC530 系统操作面板介绍

海德汉 iTNC530 系统操作面板共分九个区，如图 6-39 所示，分别是：

1）用于输入文本和文件名，以及用于 DIN/ISO 格式编程的字符键盘双处理版和用于操作 Windows 的按键。

2）文件管理器，计算器，MOD 功能和 HELP（帮助）功能。

3）编程模式。

4）机床操作模式。

5）启动编程对话。

6）方向键和 GOTO 跳转命令。

7）数字输入和轴选择。

8）鼠标触摸板：用于双处理器版和 DXF 转换工具操作。

9）smarT. NC 浏览键。

图 6-39 操作面板

2. 刀具表设置

在海德汉 iTNC530 数控系统中，刀具表是存储刀具各参数的表格。在操作海德汉 iTNC530 数控系统前，需要先对刀具表中各参数进行设置，如图 6-40 所示，其中各参数的含义如下：

1）T，NAME：刀具号，刀具。

2）L，R，R2：定义刀具基本尺寸，分别是刀具长度、半径、刀尖圆角半径。

3）DL，DR，DR2：分别指的是刀具在长度、半径、刀尖圆角上的磨损值（刀具的实际变化）。

4）LCUTS，ANGLE：刀具切削长度，循环中刀具切入工件中的角度。

5）T-ANGLE：刀尖角是定心循环，240 的重要参数。

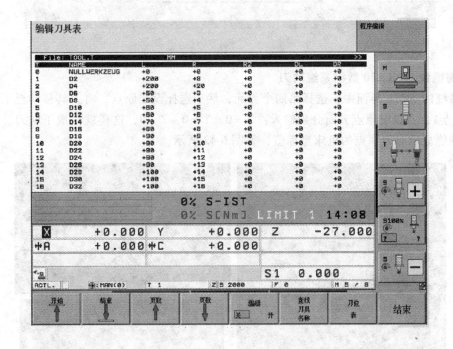

图 6-40　刀具表

3. 刀位表设置

在海德汉 iTNC530 数控系统中，刀位表是存储机床刀库中各刀位的表格。在操作海德汉 iTNC530 数控系统前，需要先对刀位表中各参数进行设置，如图 6-41 所示，其中各参数的含义如下：

1）P：刀具在刀库中的刀槽（刀位）。

2）T：刀具表中的刀具号，用于定义刀具。

3）TNAME：如果在刀具表中输入了刀具名称，则 TNC 自动创建名称。

4）ST：特殊刀具。这项用于机床制造商控制不同的加工过程。

5）F：必须回到原相同刀位的标识符。

6）L：锁定刀位的标识符。

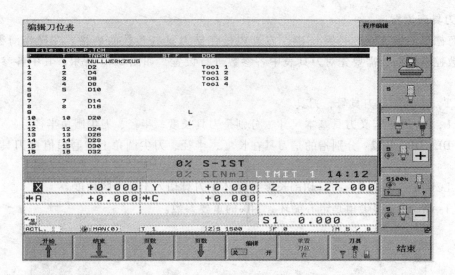

图 6-41 刀位表

4. 海德汉 iTNC530 数控系统对刀

在系统的 ACTL 界面中,选择第四个界面,然后选择设定原点,将刀具移动至工件原点(程序原点),在设定原点界面分别输入:X = 0,Y = 0,Z = 0,这样就完成了对刀。选择预设表,则能显示对刀原点的机床坐标值,如图 6-42 所示。

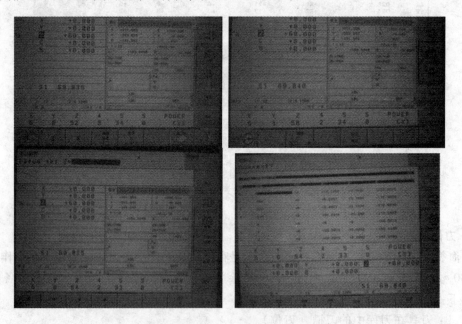

图 6-42 对刀

5. 刀片凸台零件编程与仿真加工

1)进入海德汉 iTNC530 系统后,按两下 CE 键,机床回零,如图 6-43 所示。

2)编写程序。按 [PGM MGT] 键,新建程序,然后进入程序编辑,定义工件毛坯和最小点坐标和最大点坐标,并定义循环,如图 6-44 所示。刀片凸台程序见表 6-4。

项目六 拓展训练——"大力神杯"多轴数控加工

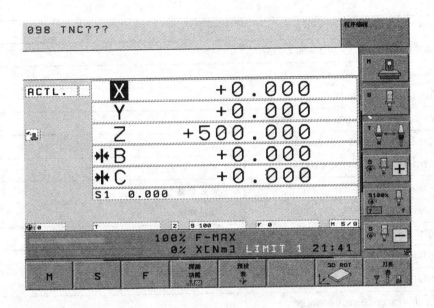

图 6-43 进入系统

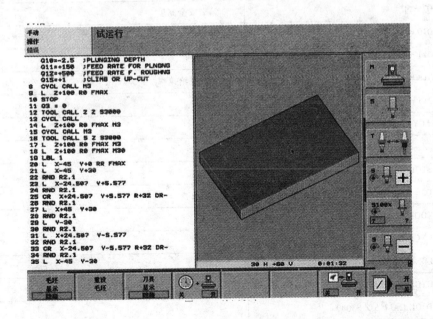

图 6-44 编写程序

表 6-4　刀片凸台程序

序号	程序	备注
	主程序	
0	BEGIN PGM BLADE_ISLAND MM	
1	BLK FORM 0.1 Z X－50 Y－30 Z－15	定义毛坯
2	BLK FORM 0.2 X＋50 Y＋30 Z＋0	
3	TOOL CALL 8 Z S3000	
4	CYCL DEF 14.0 CONTOUR GEOMETRY	
5	CYCL DEF 14.1 CONTOUR LABEL 1	
6	CYCL DEF 270 CONTOUR DATA	
	Q390＝2	接近类型
	Q391＝1	半径补偿
	Q392＝5	半径
	Q393＝90	圆心角
	Q394＝5	距离
7	CYCL DEF 25 CONTOUR TRAIN	
	Q1＝－5	铣削深度
	Q3＝2	侧边余量
	Q5＝+0	表面坐标
	Q7＝50	第二安全高度
	Q10＝－2.5	切入深度
	Q11＝150	切入进给速率
	Q12＝500	粗铣进给速率
	Q15＝+1	顺铣
8	CLCY CALL M3	
9	L Z＋100 R0 FMAX	
10	STOP	
11	Q3＝0	余量改变
12	TOOL CALL 2 Z S3000	
13	CYCL CALL	
14	L Z＋100 R0 FMAX M3	
15	CYCL CALL M3	
14	TOOL CALL 5 Z S3000	
15	L Z＋100 R0 FMAX M3	
16	L Z＋100 R0 FMAX M30	

（续）

	子程序	
序号	程序	备注
1	17 LBL 1	子程序名
2	18 L X -45 Y +0 RR	轮廓路径
3	19 L X -45 Y +30	
4	20 RND R2.1	
5	21 L X -24.507 Y +5.577	
6	22 RND R2.1	
7	23 CR X +24.507 Y +5.577 R +32 DR_	
8	24 RND R2.1	
9	25 L X +45 Y +30	
10	26 RND R2.1	
11	27 L Y -30	
12	28 RND R2.1	
13	29 L X +24.507 Y -5.577	
14	30 RND R2.1	
15	31 CR X -24.507 Y -5.577 R +30 DR_	
16	32 RND R2.1	
17	33 L X -45 Y -30	
18	34 RND R2.1	
19	35 L Y +0	
20	36 LBL 0	结束子程序
21	37 END PGM BLADE_ ISLADE MM	

3) 编辑刀具表，定义刀具长度 L、半径 R 及刀具补偿等，如图 6-45 所示。

4) 程序进行仿真加工，如图 6-46 所示。

三、DMU60 机床操作

1) 电源准备，合上电源和分支电源，如图 6-47 所示。

2) 开启机床的稳压器，如图 6-48 所示。

3) 开启机床开关，如图 6-49 所示。

4) 同时需要按两下〈CE〉键才能启动系统，如图 6-50 所示。

5) 按下内部电源按钮，启动内部电源，机床开始正常工作，如图 6-51 所示。

6) 程序复制。首先把程序复制在 U 盘中，然后把 U 盘插在机床的数据接口上，如图 6-52a 所示。在机床中把 U 盘中的程序复制到机床的存储目录下，如图 6-52b 所示。

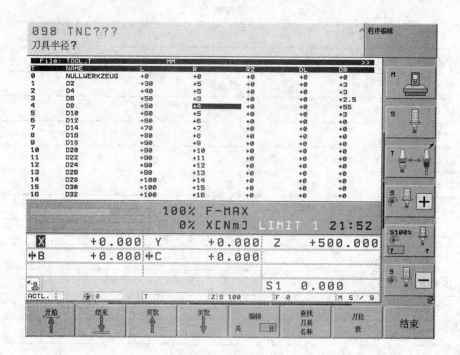

图 6-45　编辑刀具表

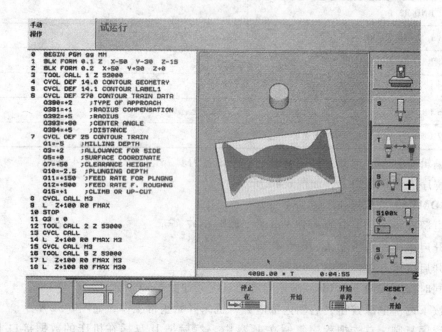

图 6-46　仿真验证

项目六 拓展训练——"大力神杯"多轴数控加工

图 6-47 电源准备

图 6-48 稳压器准备

图 6-49 开启机床开关

图 6-50 启动系统

图 6-51 启动内部电源

a)
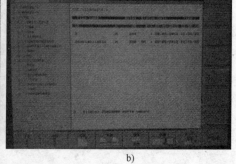
b)

图 6-52 程序复制

7）运行程序。选择程序校验：按下程序键、程序校验键和循环启动键，检验程序及对刀是否正确。若校验没问题，则按自动运行键，调整好进给倍率，再次按循环启动键，开始零件的加工，如图 6-53 所示。

图 6-53　运行程序

【任务实施】

根据工艺方案，调试 DMU60monoBLOCK 机床完成零件的加工，同时完成工作单。

工　作　单

任务		"大力神杯"加工策略设计	
姓名		同组人	
任务用时		实施地点	
任务准备	资料		
	工具		
	设备		
任务实施	步骤1		
	步骤2		
	步骤3		
	步骤4		
描述刀具测量仪的操作流程			
写出刀具表中各参数的含义			
描述 DMU60 机床的对刀过程			
简述机床加工操作过程			
评语			

附录：教学实施相关表格

附表1 任务书

任 务 书				
适用专业：			学时：	
项目名称：			实训室：	
姓名：	班级：	项目编号：		日期：

一、任务描述：

二、学习目标：
  1. 专业能力：

  2. 方法能力：

  3. 社会能力：

三、提交材料：

序号	名称	数量	格式	备注
1				
2				
3				

四、教学方法：

五、教学场地：

六、教学资源：

附表 2　工作计划单

工作计划单				
学习项目				
计划方式			学时	
序号	任务	负责人	方法/手段	预期成果及检查项目
制订计划说明				
计划评价	班级		第　组	组长签字	
	教师签字		日期		
	评语：			

附表3 项目实施单

项目实施单			
学习项目			
完成方式		学时	
序号	实施步骤	使用资源	成果及材料
实施说明:			
班　　级		第　　组	组长签字	
教师签字		日　　期		

附表4 学习总结

学 习 总 结				
学习项目				
完成方式			学时	
项目描述				
承担任务				
掌握知识				
教学建议				
学后感言				
班　级		第　　组	组长签字	
学生签字			日　　期	

附表5　学生自评表

学生自评表					
姓名		班级		第　　组	
项目名称				完成日期	
项目内容		分值		得分	
本人工作量完成情况		50			
学习活动的目的性		10			
是否独立寻求解决问题的方法		10			
工作方法科学性		10			
团队合作氛围		10			
工效及文明施工		10			
总分		100			
个人任务完成情况： （在对应位置打"√"）		提前完成			
:::		准时完成			
:::		超前完成			
个人认为完成的好的地方					
个人认为完成的不满意的地方					
值得改进的地方					
自我评价		非常满意			
:::		满意			
:::		不太满意			
:::		不满意			
备注：					

附表6 学生互评表

学生互评表			
被评价学生		主要承担任务	
考核项目	考核内容	满分	得分
方法能力	创新能力	10	
	学习态度认真	10	
	能独立思考解决问题	10	
社会能力	尊敬师长	10	
	尊重同学	10	
	相互协作	8	
	主动帮助他人	10	
专业能力	5S遵守情况	10	
	专业理论	10	
	实操能力	12	
		合计	

评语：

班 级		第 组	组长签字	
教师签字			日 期	

附表 7　教师评价表

教师评价表					
学习项目						
姓　　名		班　　级		第　　组	
评价内容	评分标准	分数	得分	备注
目标认知程度	工作目标明确，工作计划具体结合实际，具有可操作性	5		
情感态度	工作态度端正，注意力集中，有工作热情	5		
团队协作	积极与他人合作，共同完成工作任务	5		
咨询材料的准备	所采集材料、信息对工作任务的理解、工作计划的制订起重要作用	5		
工作方案的制订	提出方案合理，具有可操作性，对最终的工作任务起决定作用	10		
方案的实施	检验操作规范性，熟练程度、检验结果准确度	45		
解决工作实际问题	与小组成员讨论能够解决工作问题	10		
操作安全、保护环境	安全操作，工作过程不污染环境	5		
技术文件的质量	技术报告、工作方案的质量	10		
合计		100		

参 考 文 献

[1] 宋放之. 数控机床多轴加工技术实用教程 [M]，北京：清华大学出版社，2010.
[2] 朱克忆. PowerMILL 多轴数控加工编程实用教程 [M]. 北京：机械工业出版社，2010.
[3] 张伦玠. CAXA 造型与加工项目教程 [M]. 武汉：华中科技大学出版社，2011.
[4] 李玉鹰. 工学结合一体化课程教学设计案例选编 [M]. 北京：外语教学与研究出版社，2012.
[5] 金福吉. 数控大赛试题·答案·点评 [M]. 北京：机械工业出版社，2006.
[6] 刘岩. 数控铣削加工技术 [M]. 北京：北京航空航天大学出版社，2008.